高等职业教育“十四五”精品规划教材

U0960334

变压器技术及应用

主　编　蒋国辉　张晶莹　赵运婷
副主编　段海雁　孙　静　江春惠

天津大学出版社
TIANJIN UNIVERSITY PRESS

图书在版编目（CIP）数据

变压器技术及应用 / 蒋国辉，张晶莹，赵运婷主编 ；段海雁，孙静，江春惠副主编. -- 天津 ：天津大学出版社，2024. 12. -- (高等职业教育“十四五”精品规划教材). -- ISBN 978-7-5618-7940-5

Ⅰ. TM4

中国国家版本馆CIP数据核字第202544E07D号

出版发行	天津大学出版社
地　　址	天津市卫津路92号天津大学内（邮编：300072）
电　　话	发行部：022-27403647
网　　址	www.tjupress.com.cn
印　　刷	廊坊市瑞德印刷有限公司
经　　销	全国各地新华书店
开　　本	889mm×1194mm　1/16
印　　张	8.25
字　　数	274千
版　　次	2025年1月第1版
印　　次	2025年1月第1次
定　　价	49.80元

前　言

本书深入贯彻落实习近平新时代中国特色社会主义思想，将思政教育融入专业实践，引导学生通过技术学习提升思想道德修养。深度挖掘课程及各教学环节育人功能，实现思政教育贯穿教育教学全过程，着力培养学生扎实的职业素养与工匠精神。教材有机融入党的二十大精神、劳模精神及工匠精神等思政元素，全面落实立德树人根本任务。

党的二十大报告明确指出，建设现代化产业体系，推进新型工业化，加快建设制造强国，实施产业基础再造工程和重大技术装备攻关工程，支持专精特新企业发展，推动制造业高端化、智能化、绿色化发展。变压器作为电力传输系统的核心设备，对国民经济具有重要战略意义，广泛应用于电力传输、工业、农业、交通运输及建筑供电等领域，显著提升了电力系统可靠性、生产效率和民生质量。

本书紧密围绕智能电网建设、新能源发电配套变压器技术及绿色节能环保变压器发展，依据岗位能力要求创设真实工作情境，设计对接工作流程的教学任务，突出实用性、针对性。内容服务制造强国建设、京津冀协同发展等国家战略，对接现代工业体系，支撑高端装备产业链需求。

本书编写目的是弥补变压器相关教材不足的短板，使学生和相关从业人员可以全面了解、系统掌握变压器技术，拓展变压器技术的应用领域。本教材既可供高职院校学生使用，也可作为变压器行业企业员工培训用书。

本书采用项目任务式的编写形式，项目设定“精益求精”“工匠精神”等课程思政目标。教材整合变压器基础知识，系统性强，文字精练，逻辑清晰。本书融入新形态内容，学生扫描二维码可随时观看重要知识点的微课、动画和课件。

本书内容立足于变压器生产现场实际，将理论知识与现场实际有机结合，内容涵盖变压器概述，变压器基本理论，电力变压器的结构，变压器的装配工艺与检查，电力变压器的绝缘，变压器试验与变压器的运输、安装和检修，数字化工厂及电力变压器选型及应用等九个项目。本书内容丰富，实用性和针对性较强，通过对本书内容的学习，读者可以快速掌握变压器生产现场的技术及应用，提高自身的业务水平和工作能力。

本书由院校教师与企业专家联合编写，编写团队由天津城市建设管理职业技术学院和特变电工京津冀智能科技有限公司的职业教育专家、资深一线教师及行业、企业专家共同组成，充分体现产教融合。本书是变压器制造技术和应用有机融为一体的新形态立体化教材，为首批校企共育现场工程师班项目校企合作开发。数智化赋能生产，根据真实、典型的企业工作情境，教材中设置数字化工厂项目，设计与岗位工作流程相适应的教学任务，重点突出、内容丰富、实用性和针对性较强。本书的具体编写分工如下。蒋国辉和江春惠共同负责教材框架设计、课程标准制定、教学方法设计，江春惠负责提供案例和技术支持，蒋国辉、江春惠编写项目一，张晶莹、赵运婷、段海雁、孙静编写项目二和项目三，蒋国辉编写项目四，张晶莹、孙静编写项目五，赵运婷编写项目六，段海雁编写项目七，江春惠编写项目八和项目九。

在本书编写过程中，特变电工京津冀智能科技有限公司的总工程师江春惠及其同事提供了大量的支持和帮助，在此表示感谢！同时得到天津城市建设管理职业技术学院各级领导的关心和帮助，在此一并表示感谢！

鉴于编者知识、技能水平的不足，本书内容尚有诸多不妥之处，恳请读者批评指正。

编者

2024年9月

Contents

项目一　概述

项目二　变压器基本理论

项目三　电力变压器的结构

项目四　变压器的装配工艺与检查

项目五　电力变压器的绝缘

项目六　变压器试验

项目七　变压器的运输、安装和检修

项目八　数字化工厂

项目九　电力变压器选型及应用

参考文献

项目一 概述

从理论突破到自主创新突围——党的二十大精神引领下的技术攻坚启示

核心技术是“要不来、买不来、讨不来”的，唯有坚持自主创新，才能破解“卡脖子”困局。党的二十大报告将“科技自立自强能力显著提升”作为未来五年发展的首要目标，强调要“打赢关键核心技术攻坚战”，突破关键领域受制于人的局面。这一战略部署在变压器技术发展史中体现得尤为深刻：法拉第通过“圆环实验”揭示电磁感应定律，正是基础研究突破带动技术革命的典范。正如党的二十大提出的“四个面向”要求，早期欧美国家通过工业革命先发优势实现技术转化，而我国20世纪初电力工业起步时，连变压器螺丝钉都依赖进口的困境，更印证了“加强基础研究、提升原始创新能力”的战略意义。

变压器的发展史证明，关键技术领域的每一次突破，都是科学精神、家国情怀与工程伦理共同作用的结晶。对高职学生而言，学习变压器技术不仅是掌握绕组计算或故障检测等技能，更要理解“小设备承载大使命”的深刻意义——无论是特高压工程中的“大国重器”，还是乡村光伏电站里的配电变压器，都关乎国家能源安全与民生福祉。教学中可通过“老带新”工匠访谈、变压器工厂实地研学等方式，让学生感受“毫厘之间见真章”的职业态度，树立“用技术守护万家灯火”的职业信仰。

知识目标

1. 了解变压器的发展史。
2. 掌握变压器在电力系统中的功能与作用。
3. 熟悉变压器分类。
4. 了解电网及变压器制造工业的发展历程。

能力目标

1. 能基于负荷需求与电网条件，分析变压器运行问题（如过载、谐波干扰），并提出优化方案。
2. 具备基础电磁设计能力，能计算铁芯截面积、绕组匝数比等参数，完成小型变压器方案设计。

素养目标

1. 培养工匠精神：通过变压器工艺案例（如 ±0.01 mm 级硅钢片叠装精度要求），树立精益求精的职业态度。
2. 强化团队协作：通过模拟变电站设计项目，锻炼跨专业（电气、机械、材料）沟通与分工能力。
3. 树立责任意识：理解变压器可靠性对民生（如医院供电保障）和国防（如舰船电力）的重要性，增强职业使命感。
4. 践行绿色发展：在实训中优先选用再生铜、可降解绝缘材料，深化可持续发展理念。

任务一　变压器的发展史

变压器是根据电磁感应定律将交流电转换为同频率、不同电压交流电的非旋转式电机。因此，变压器是随着电磁感应现象的发现而诞生，并经过许多科学家不断完善、改进而形成的。

1.1.1　变压器的雏形——感应线圈

1888 年，英国著名物理学家弗莱明（J. A. Fleming，1849—1945 年）在他的名著 *The Alternating Current Transformers*（《交流变压器》）中开宗明义地说："At the head of this long line of illustrious investigators stand the pre-eminent names of Faraday and Henry. On the foundation-stone of truth laid done by them all subsequent builders have been content to rest."（在一大批研究变压器的杰出人士中，站在最前面的是法拉第和亨利这两位大名鼎鼎的人物，他们奠定了真理的基石，而所有后来者则致力于大厦的完成。）

1831 年 8 月 29 日，英国著名物理学家法拉第采用图 1.1 所示的试验装置进行磁生电的试验。图 1.1 中，圆环采用直径 7/8 in（1 in=2.54 cm）的铁棍制成，圆环外径为 6 in；A 是由三段均长 24 in 的铜线绕成的线圈（三段间可根据需要串联）；B 是由长 50 in 的铜线绕成的 2 个线圈（2 个线圈可以串联）；1 为电池；2 为开关；3 为检流器。试验时，当合上开关 2 后，法拉第发现检流器 3 摆动，即线圈 B 和检流器 3 中有电流流过。也就是说，法拉第通过这个试验发现了电磁感应现象。法拉第进行这个试验的装置（法拉第感应线圈，图 2）实际上是世界上第一台变压器的雏形，以后法拉第又做了数次试验，同年 10 月 28 日还制成了第一台圆盘式直流发电机。同年 11 月 24 日，法拉第向英国皇家学会报告了他的试验及其发现，从而使法拉第被公认为是电磁感应现象的发现者，他也顺理成章地成为变压器的发明人。

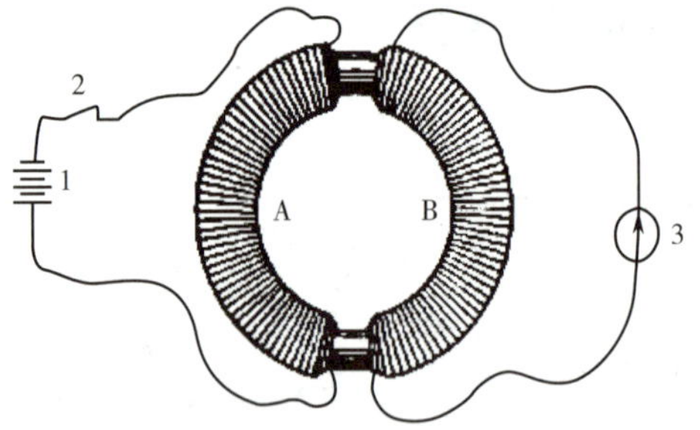

图 1.1　法拉第试验装置原理图（1831 年 8 月 29 日）

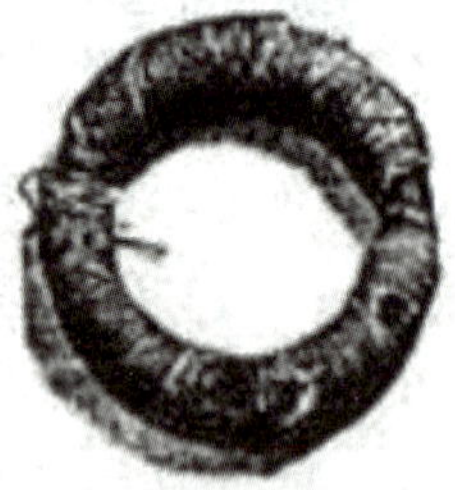

图 1.2　法拉第感应线圈

但实际上，最早发明变压器的是美国著名物理学家亨利。1830 年 8 月，时为纽约奥尔巴尼（Albang）学院教授的亨利利用学院假期，采用图 1.3 所示的试验装置进行了磁生电试验。当他合上开关 K 时，发现检流计 P 的指针摆动；当他打开开关 K 时，又发现检流计 P 的指针向相反方向摆动。试验中，当他打开开关 K 时，还在线圈 B 的两端间观察到了火花。亨利还发现，改变线圈 A 和 B 的匝数，可以将大（Intensity）电流变为小（Quantity）电流，也可将小电流变为大电流。实际上，亨利这个试验是电磁感应现象非常直观的关键性试验，该试验装置实际上也是一台变压器的雏形。但是，亨利做事谨慎，他没有急于发表他的试验成果，他还想再做一些试验。然而，假期已过，他只得将这件事搁置一旁。后来，他又进行了多次试验，直到 1832 年才将试验论文发表在《美国科学和艺术杂志》第 7 期上。但是，在此之前，法拉第首先公布了他的电磁感应试验，并介绍了他的试验装置，因此电磁感应现象的发现权只能归法拉第，变压器的发明权也非法拉第莫属。亨利虽然非常遗憾地与电磁感应现象的发现权和变压器的发明权擦肩而过，但他在电磁学上的贡献和对变压器发明的贡献则是有目共睹的。特别值得一提的是，亨利试验装置比法拉第感应线圈更接近于现代通用的变压器。

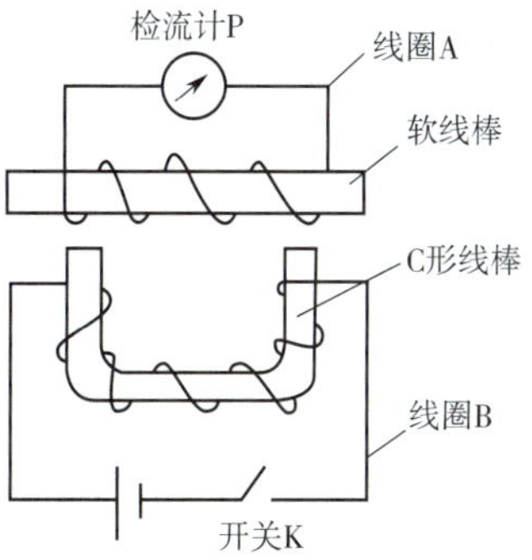

图 1.3　亨利试验装置原理图（1830 年 8 月）

从现代变压器原理来看，法拉第感应线圈是一只单芯闭合磁路双绕组式变压器。由于当时没有交流电源，所以法拉第线圈是一种原始的脉冲变压器，而亨利变压器则是一种原始的双芯开路磁路双绕组式脉冲变压器。1835 年，美国物理学家佩奇（C. J. Page，1812—1868 年）制成了图 1.4 所示的感应线圈，该线圈是世界上第一只自耦变压器，其利用自动锤的振动使水银接通或断开电路，在副边线圈感生的电动势能使一个真空管的电火花长度达到 4.5 in。

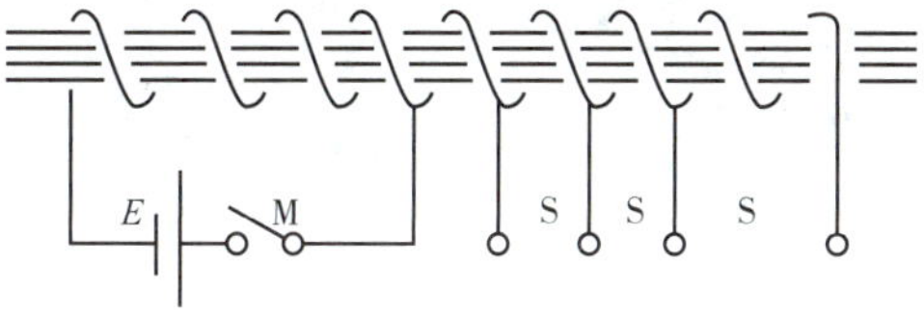

图 1.4　佩奇感应线圈原理图

1837 年，英国牧师卡兰（N. J. Callan）将佩奇变压器分成无电气连接的两部分（图 1.5），当打开开关 M、断开线圈 A 的电路时，线圈 B 的两端间 S 将会产生火花。与法拉第、亨利的变压器一样，佩奇和卡兰的变压器都是利用断续直流工作的设备，只能用于试验观察，都无实际应用价值。

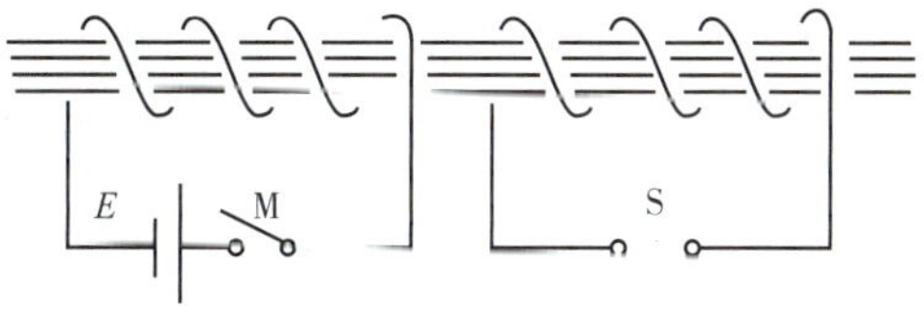

图 1.5　卡兰感应线圈原理图

德国技师鲁姆科尔夫（H. D. Ruhmkorff，1803—1877 年）在变压器发明史上是一个贡献较大的人。他生于德国，后定居法国巴黎，并自设了精密机械制造工厂。鲁姆科尔夫在理论上并无建树，但他善于研究他人的建议，并利用他心灵手巧的特长付诸实践，制造了一些优良的感应线圈。1842 年，在 Masson 和 Brequet 的指导下，他开始对卡兰变压器进行研究，并于 1850 年制成第一只感应线圈（Inductorium）。1851 年，他提出第一个感应火花线圈（变压器）的专利——鲁姆科尔夫感应线圈，如图 1.6 和图 1.7 所示。该感应线圈的铁芯用软铁丝制成，原边线圈包绕在铁芯上，副边线圈则包绕在原边线圈上，原边线圈由蓄电池供电，并通过一个磁化铁芯机构反复开、合水银开关，使原边线圈中通以脉动直流电并反复改变方向，副边线圈中则感应一个交变电流。与以前的感应线圈相比，鲁姆科尔夫感应线圈有较大的改进。首先，副边线圈的绝缘更加可靠，副边线圈用涂漆铜线绕成，线圈层间用纸或漆稠绝缘，副边线圈与原边线圈则用一段玻璃管隔开；其次，鲁姆科尔夫采用 E. English 和 C. Bright 的发明，将副边线圈分成几段，各段间彼此分开，然后串在一起，这样可使电位差最大的两点（出线端 S—S）之间的距离最远。后来，鲁姆科尔夫对该线圈进行了改进，如将以前采用的水银开关改为酒精开关，不但可消除开关火花，而且可防止氧化；此外，他还在原边线圈接入电容器，以提高感应电压。鲁姆科尔夫感应线圈由于功率较大，不但可用于试验，还可用于放电治疗。因此，可以说鲁姆科尔夫感应线圈是第一个有实用价值的变压器，如图 1.8 所示。

图 1.6　鲁姆科尔夫感应线圈示意图

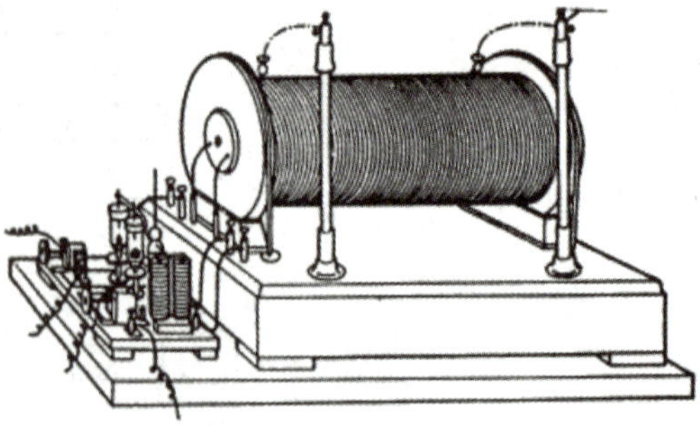

图 1.7　鲁姆科尔夫感应线圈(1850 年)

图 1.8　鲁姆科尔夫感应线圈复原图

为了获得更大的火花，1856 年，英国电工技师瓦里(C. F. Varley，1828—1883 年)也对卡兰变压器做了改进，他采用一个双刀双掷开关来回改变电流方向，使线圈 A 中的电流交替改变方向，而线圈 B 中感应出一个交变电流，因此可以说瓦里感应线圈是交流变压器的始祖，如图 1.9 和图 1.10 所示。

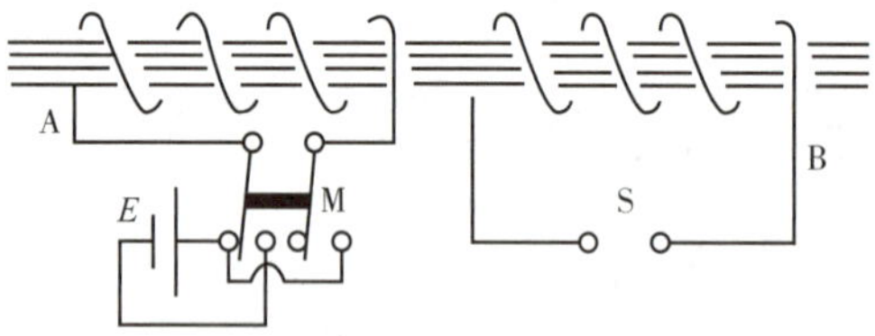

图 1.9　瓦里感应线圈原理图

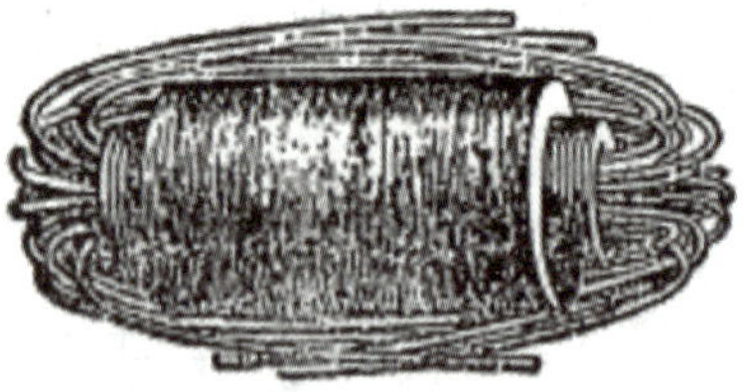

图 1.10　瓦里感应线圈(1856 年)

1862 年，莫里斯(Morris)、魏尔(Weave)和蒙克顿(Moncktom)取得一个将感应线圈用于交流电的专利。

1868 年，英国物理学家格罗夫(W. R. Grove，1811—1896 年)采用图 1.9 所示的装置将交流电源 V 与线圈 A 相连，在线圈 B 中得到一个电压不同的交流电流，如图 1.11 所示。因此，格罗夫感应线圈实际上是世界上第一台交流变压器。

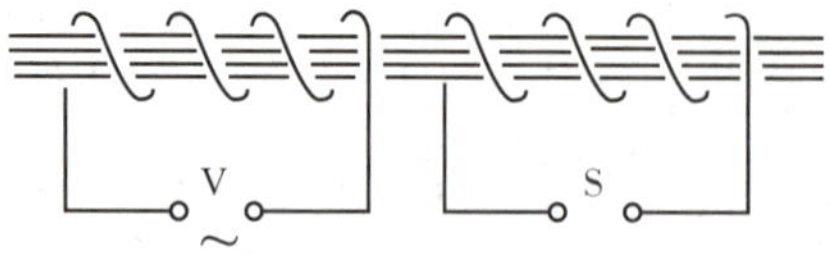

图 1.11　格罗夫感应线圈原理图(1868 年)

继格罗夫之后，许多人对感应线圈进行了研究，并提出了一些改进建议。例如，美国人富勒(J. B. Fuller)在 19 世纪 70 年代初对感应线圈进行了理论研究，提出感应线圈应采用闭合铁芯，原边线圈采用并联而不是当时大多数感应线圈所采用的串联。但是，他的想法在生前只与他的上司谈过，他死后不久，人们发现他的手稿，并于 1879 年 2 月将他的手稿整理发表，他关于感应线圈的设想才得以公开。

1876 年，俄国物理学家雅勃洛奇科夫(1847—1894 年)发明“电烛”，采用一只有两个绕组的感应线圈，原边绕组与交流电源相连，为高压侧，副边绕组低压侧的交流电向“电烛”供电，这只感应线圈实际上是一台不闭合磁心的单相变压器。

1882 年，俄国工程师乌萨金在莫斯科首次展出了有升压、降压感应线圈的高压变电装置。

1.1.2　高兰德-吉布斯二次发电机

19 世纪 80 年代后，交流电进入人类的社会生活，变压器的原理也为许多人所了解，人们自然而然地想到将变压器用于实际交流电路中。在这方面迈出第一步并做出重大贡献的是法国人高兰德（L. Gauland，1850—1888 年）和英国人吉布斯（J. D. Gibbs）。1882 年 9 月 13 日，高兰德和吉布斯在英国申请了第一个感应线圈及其供电系统的专利，他们称这种感应线圈为“Secondary generator”（二次发电机）。图 1.12 所示为高兰德-吉布斯二次发电机原理图，其中原边线圈数与副边线圈数之比为 1 : 1，原边线圈串联，而副边线圈均分为数段，并分别与电灯 1 相连。高兰德-吉布斯二次发电机（变压器）是一种开路铁芯变压器，它通过推进、拉出铁芯来控制电压，对于原边线圈，他们仍坚持采用串联（虽然麦克斯韦在 1865 年就证明，原边线圈如果采用串联，副边电压就不能单独控制）。

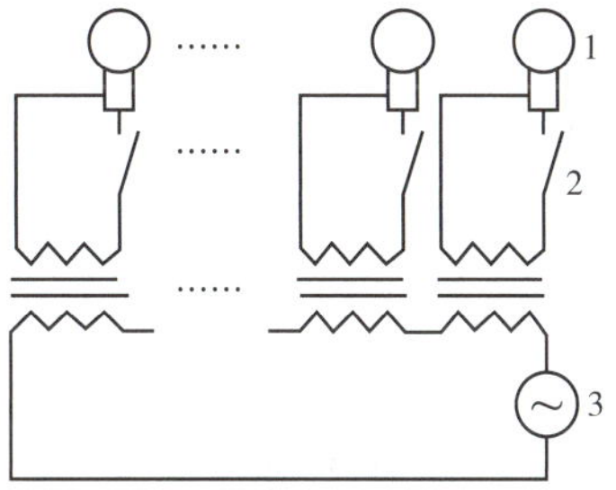

图 1.12　高兰德-吉布斯二次发电机原理图

1—电灯；2—开关；3—交流电源

1882 年 10 月 7 日，他们制成了第一台 3 000 V/100 V 的二次发电机；1983 年，他们又制成了一台容量约为 5 kV·A 的二次发电机，并在伦敦郊外一个小型电工展览会上展出表演。当年，他们为伦敦市区铁路提供了几台小型变压器（图 1.13）。1884 年，他们在意大利都灵技术博览会上展出了他们的变压器，并表演了交流远距离输电，即采用开磁路变压器串联交流输电系统，将 30 kW、133 Hz 的交流电输送到 40 km 远处。当年，他们还售出了几台类似的变压器，其中图 1.14 所示为售给意大利物理学家费拉里斯（G. Ferraris，1847—1897 年）的试验用变压器。该变压器铁芯为铁丝组成的开路铁芯，原边线圈由 0.25 mm 厚铜片绕成的 445 个环（匝）组成，但它们在高度方向分成 4 段，通过正前方的塞子将副边线圈的 4 段串联或并联，从而改变副边线圈的输出电压。图 1.15 所示为另一种高兰德-吉布斯二次发电机，这台二次发电机可以通过调节输出电压而改变输出功率的大小。

图 1.13　高兰德-吉布斯二次发电机（1883 年）

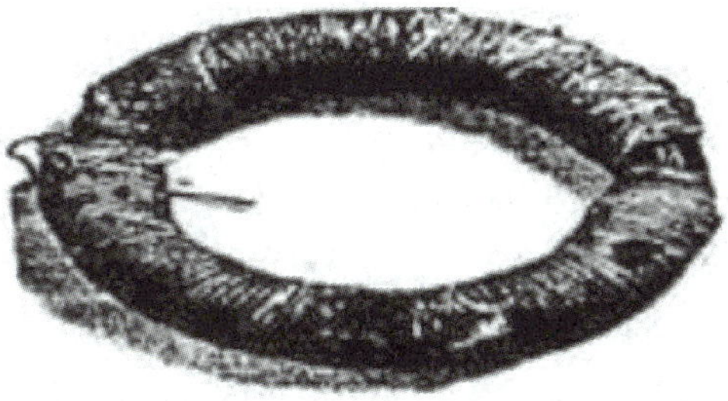

图 1.14　高兰德-吉布斯二次发电机（1884 年）

1884 年 3 月 4 日，高兰德和吉布斯在美国申请了第一个有关开路铁芯变压器的专利，即“产生和利用二次电流的装置”，如图 1.16 所示。1885 年，他们受岗茨工厂变压器的启发，研究采用闭路铁芯结构的变压器。1886 年 3 月 6 日，他们在美国申请了有关闭合磁路变压器的专利。图 1.17 所示为 1886 年制造的闭路铁芯式高兰德-吉布斯二次发电机。

图 1.15　高兰德-吉布斯二次发电机

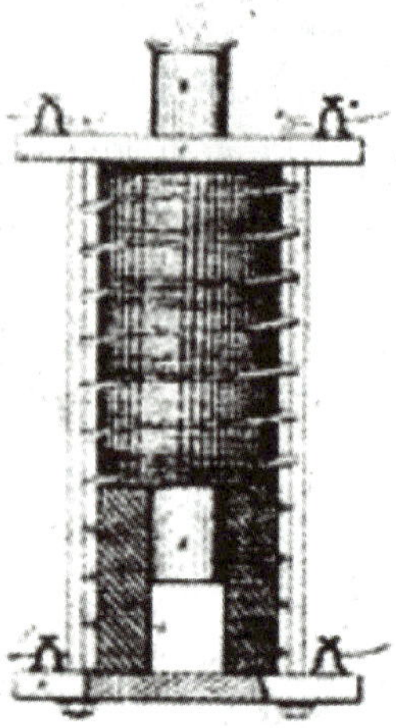

图 1.16　高兰德-吉布斯在美国申请的第一个有关开路铁芯变压器的专利附图

图 1.17　闭路铁芯式高兰德-吉布斯二次发电机（1886 年）

1.1.3　齐伯诺夫斯基-德里-布拉什（Z-D-B）变压器

高兰德-吉布斯二次发电机（变压器）虽然开辟了变压器的实际应用领域，但早期这种变压器存在某些先天不足，如开路铁芯、原边线圈串联等。首先对此质疑做出改进的是匈牙利岗茨（Ganz）工厂的三个年轻工程师布拉什（O. T. Blathy，1860—1939 年）、齐伯诺夫斯基（C. Zipernowsky，1853—1942 年）和德里（M. Deri，1854—1938 年）。

布拉什 1883 年进入岗茨工厂，长期担任技术负责人。他一生发明颇丰，曾获得 100 多项专利权，包括变压器、电压调整器、汽轮发电机等。布拉什是首次研究交流发电机并联运行的人员之一，他还发明了许多电机设计程序和设计计算方法。另外，他在 1885 年首先引入单词“Transformer”（变压器），这一简明传神的术语很快为人们所认同和接受，并迅速取代以往采用的“感应线圈”“二次发电机”等术语，且一直沿用至今。

齐伯诺夫斯基是 1878 年成立的岗茨工厂电气部的奠基人之一。1893 年,他提任匈牙利布达佩斯技术大学的电气教授。他一生取得 40 多项专利权,曾任匈牙利电工学会主席 30 年。

德里 1882 年进入岗茨工厂,长期在销售部工作,但对电机和变压器颇有研究。他曾设计复励交流发电机,还发明了以他名字命名的双电刷推斥式电动机——德里电动机。

1884 年,意大利都灵技术博览会召开,布拉什和岗茨工厂的一批技术人员参观了该博览会,并看到了博览会上展出的高兰德-吉布斯二次发电机。布拉什当时敏锐地觉察到这种二次发电机有很大的发展前途,并注意到这种变压器的优点及不足之处。在该博览会上,布拉什曾问高兰德:“为什么你们的二次发电机不采用闭路铁芯?”高兰德不假思索地回答:“采用闭路铁芯非常危险,而且很不经济。”

1884 年 7 月,布拉什从都灵回到布达佩斯后,立即将在博览会上的所见所闻告诉了齐伯诺夫斯基和德里,他们决定立即进行变压器的改进试验。布拉什建议采用闭路铁芯,齐伯诺夫斯基建议将原边线圈串联改为并联,并和德里一起进行研究试验。1884 年 8 月 7 日,他们在岗茨工厂试验杂志上介绍了有关闭合磁路铁芯的变压器,如图 1.18 所示。

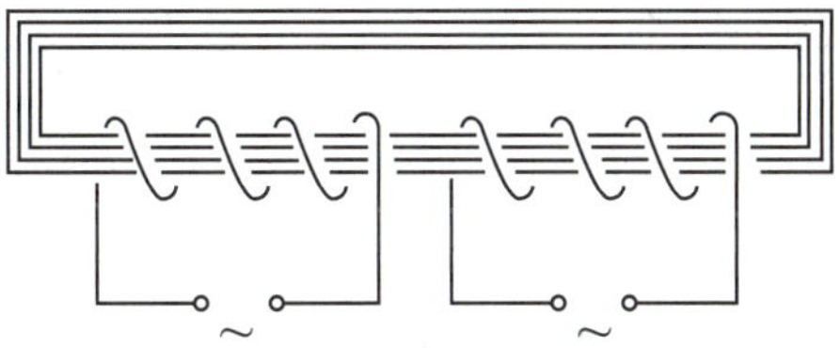

图 1.18　Z-D-B 变压器示意图

1884 年冬,德里在奥地利维也纳贸易联合会上展示了他们的发明。1885 年 1 月 2 日,齐伯诺夫斯基和德里在奥地利申请了第一个有关并联运行变压器的专利,图 1.19 所示为该专利中的附图。同年 2 月 2 日,他们三人在奥地利和德国分别申请了第二个变压器专利。

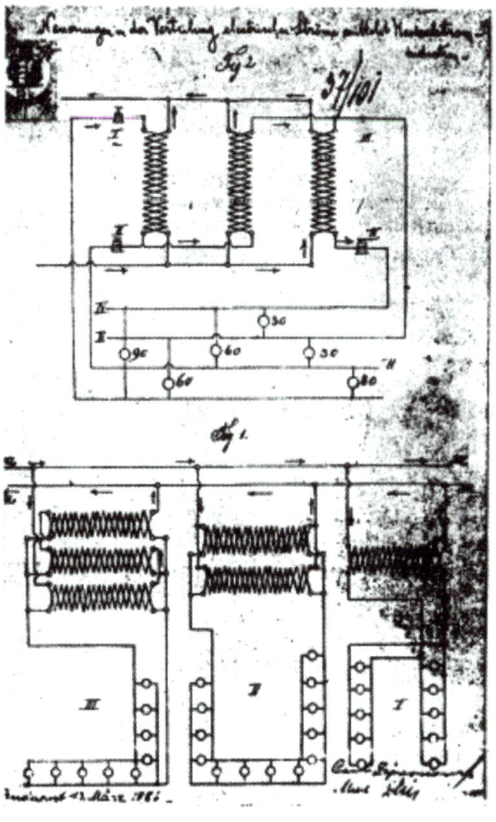

图 1.19　奥地利专利№ .37/101 的附图

1884 年 9 月 16 日，岗茨工厂制成的第一台变压器（容量为 1 400 W，频率为 40 Hz，电压比为 120 V/72 V，变比为 1.67）是一台单相壳式闭路铁芯（铁丝）变压器。同年，岗茨工厂还制造了另外 4 台变压器。图 1.20 所示为最原始的 Z-D-B 变压器。

图 1.20　最原始的 Z-D-B 变压器（1884 年）

1885 年 5 月 1 日，匈牙利布达佩斯博览会开幕，一台 150 V、70 Hz 单相交流发电机发出的电流，经过 75 台岗茨工厂制造的 5 kV·A 变压器（闭路铁芯、并联、壳式）降压，点燃了博览会现场的 1 067 只爱迪生灯泡，其光耀夺目的壮观场面轰动了世界。所以，后来人们把 1885 年 5 月 1 日作为现代实用变压器的诞生日而加以纪念。该博览会使岗茨工厂名扬四海，博览会期间岗茨工厂就接到一批订单。

图 1.21 和图 1.22 所示分别为 1885 年和 1887 年的岗茨变压器。可以看出，它们均为芯式变压器，与现代变压器已十分接近。

图 1.21　齐伯诺夫斯基、德里和布拉什为 G. 费兰里斯实验室制造的变压器（1885 年）（容量 3 000 W，变比 1∶2 或 1∶4）

图 1.22　Z-D-B 全金属变压器（1887 年）（E 形铁片铁芯，4 000 V·A，1 926 V/105 V，2.19 A/38 A，42 Hz）

1885 年 6—10 月，Z-D-B 变压器参加了英国伦敦发明展览会，并在展览会上进行了演示。高兰德-吉布斯公司的工程师贝尔费尔德（R. Belfield）参观了伦敦发明展览会，并对 Z-D-B 变压器很感兴趣。1885 年 5 月 7 日，齐伯诺夫斯基、德里和布拉什在美国申请了第一个闭路铁芯式变压器。

Z-D-B 变压器是变压器技术发展史上的重要里程碑，它所采用的闭路铁芯、原边并联等基本结构一直沿用至今。可以说，Z-D-B 变压器已使现代变压器的结构基本定型，从此变压器正式进入交流电流的输电、配电领域，有力推动了交流电流的普及和应用，并促进了现代交流电机的发展。

1888 年，岗茨工厂向德国西门子-哈尔斯克（Simens-Halske）公司转让了变压器专利权。不久，另外两家德国公司也购买了岗茨工厂的变压器专利权。1890 年，法国、西班牙的公司也购买了岗茨工厂的变压器专利权。从 19 世纪 80 年代后期开始，变压器在欧洲迅速推广，到 1889 年总共生产 1 000 台变压器，到 1899 年突破 10 000 台。在 20 世纪 20 年代前，岗茨工厂在变压器制造领域一直保持世界领先水平。

1.1.4　变压器技术在美国的传播和发展

19 世纪 80 年代初，当欧洲人正致力于改进变压器、探索变压器应用领域的时候，大洋彼岸美国的爱迪生电灯公司正沉醉于直流电系统方面的成功及由此带来的丰厚利润之中，而对交流电系统、变压器不屑一顾。但此时，由火车空气制动器起家的威斯汀豪斯（W. Westinghouse，1846—1914 年）正想涉足交流电领域。1885 年春，他漫游欧洲，参观了伦敦和布达佩斯，与当时欧洲的发明家也有接触，对高兰德-吉布斯二次发电机很感兴趣，当即决定购买几台二次发电机。1885 年 5 月，美国西屋空气制动器公司的年轻工程师潘塔伦里（Pantaleoni）因父亲病逝而回意大利奔丧，他到都灵拜会他的大学老师时，遇到正在都灵技术博览会参观的高兰德，当时高兰德正在安装 Lanzo 和 Circe 间的交流系统。潘塔伦里对此十分感兴趣，立即给威斯汀豪斯发电报，报告他的观感。威斯汀豪斯十分重视，回电潘塔伦里，要他与高兰德联系，买下高兰德和吉布斯在美国申请的有关变压器的独家专利权。经友好协商，高兰德同意了威斯汀豪斯的要求。

1885 年 9 月 1 日，西屋空气制动器公司订购的高兰德-吉布斯二次发电机和西门子公司单相交流发电机从欧洲运到美国。

1885 年 11 月 23 日，贝尔费尔德作为高兰德-吉布斯公司的全权代表到达美国匹兹堡，向西屋空气制动器公司转让变压器技术，并帮助该公司设计新型（闭路铁芯）变压器。1886 年 1 月 5 日，他到大巴灵顿帮助斯坦利（W. Stanley，时为威斯汀豪斯的助手）建设和运行大巴灵顿 3 000 V 交流输电线。1886 年 3 月 20 日，美国第一条交流输电线建成并投入运行，这标志着美国电气时代的真正开始。

威斯汀豪斯除以实业家胆识招揽人才、购买专利、订购设备、发展交流电系统和变压器外，还身体力行，潜心于变压器的研究。1886 年 1 月 8 日，他组建威斯汀豪斯电气公司（西屋电气公司），大踏步地进入电气（主要是交流电）领域，正式进入变压器的研究和工业化生产。1886 年 2 月，他申请了有关配电系统和闭路铁芯变压器的 2 项美国专利。图 1.23 所示为西屋电气公司最早的变压器。1888 年，西屋电气公司制成 40 盏电灯用 2 kW 变压器。1891 年，西屋电气公司制成第一台充油变压器（10 kV 电压），如图 1.24 所示。

图 1.23　西屋电气公司最早的变压器

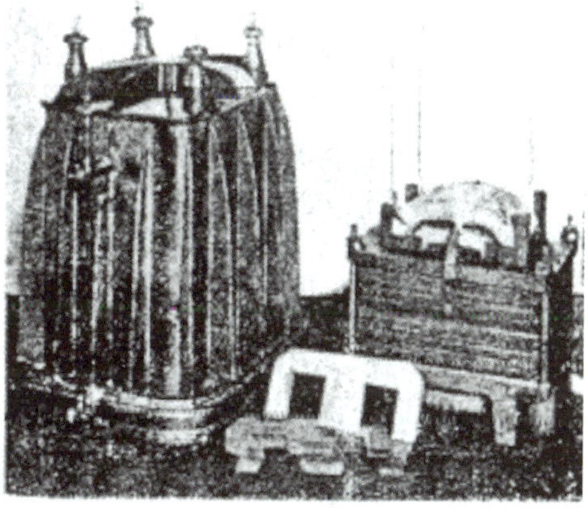

图 1.24　西屋电气公司充油变压器（1891 年）

与威斯汀豪斯积极开拓、发展变压器工业形成鲜明对照的是爱迪生对变压器的漠视和短视态度。当时，爱迪生电灯公司的电灯和直流发电机独霸北美大陆，远销欧洲。爱迪生踌躇满志，对刚刚出现的交流电供电系统既不屑一顾，又怀有一丝敌意（这为以后的美国交直流之战埋下了种子）。1885 年，爱迪生电灯公司代表李博（J. W. Lieb）参观都灵技术博览会，看到了展出的交流电配电系统和变压器。但李博与爱迪生一样，也是一个顽固的直流主义者，他向爱迪生打了一份报告，说明了他的观感，对博览会上展出的交流电配电系统和变压器横加挑剔指责。这份报告更加坚定了爱迪生反对交流电的决心。1886 年，布拉什到美国会见爱迪生，双方签订了一个协议，由爱迪生电灯公司出资 2 万美元购买岗茨工厂在美国申请的变压器的独家专利使用权。但是，爱迪生公司压根就不想发展交流电配电系统和变压器，签订这项协议只不过是阻止其他公司发展交流电、发展变压器的一种策略。因此，这一纸协议的直接后果是阻碍了 Z-D-B 变压器在美国的推广应用。这种情况直到 1892 年，爱迪生电灯公司和汤姆森-休斯顿公司合并，并成立通用电气公司后才得到根本改变。

在美国变压器发展史上，还有两个人也做出了不可磨灭的贡献。他们是斯坦利（W. Stanley，1856—1927 年）和斯特拉（N. Tesla，1856—1943 年）。斯坦利 1883 年开始接触交流电，对变压器在交流电系统中的作用有深刻的论述。他曾多次称变压器是“heart of the alternating current system”（交流电系统的心脏）。1883—1884 年，他在自己的小型实验室里就进行过变压器的研究。1884 年 2 月，他受雇于威斯汀豪斯，并成为他的助手，主持设计制造交流电系统及变压器，并于 1885 年 9 月 29 日制成美国第一台原边线圈并联、闭合磁路铁芯的变压器（图 1.25），且在西屋空气制动器公司车间里进行了试验。1885 年 10 月 23 日，他在美国申请了第一个有关闭路铁芯变压器的专利；同年 11 月 23 日，他又申请了 3 个专利，其中 2 个是带变压器的配电系统的专利，1 个是开路铁芯变压器的专利，这 4 个专利都转让给了威斯汀豪斯。1885 年 12 月，他主持建设美国第一个交流输电系统——大巴灵顿交流输电系统，1886 年 3 月 20 日该系统建成投运。1890 年他离开西屋电气公司，1891 年他在皮茨菲尔德组建斯坦利电气制造公司，继续研制变压器。图 1.26 所示为斯坦利电气制造公司制造的一种商用变压器。1891 年，斯坦利电气制造公司制成 25 kV · A 商用变压器，如图 1.27 所示。1892 年，斯坦利电气制造公司研制成 15 kV 变压器，使美国交流电输电电压一举突破 10 kV，从而打开了高电压输电的大门。斯坦利也因此赢得了“电气传输之父”的美名。1903 年，他将公司并入通用电气公司。在通用电气公司，他继续指导开发变压器。因此，西屋公司和通用电气公司早期的变压器技术同宗同源，都是采用壳式变压器结构，直到 1918 年通用电气公司改用芯式变压器后，两者才分道扬镳。

特斯拉是被誉为“电工天才”的美籍克罗地亚科学家，他在交流电系统和交流电动机方面的贡献享誉世界。1888 年，他受聘到西屋公司后，也在变压器方面做出了成绩。1890 年，他离开西屋公司自立门户，继续研究变压器。图 1.28 所示为特斯拉 1891 年发明的特斯拉高频变压器原理图。该变压器原边线圈为 12 匝 ϕ5 mm 的铜线，绕在一段 ϕ55 mm 的玻璃管上；副边线圈为 380 匝 ϕ0.2 mm 的铜线，绕在一段 ϕ113 mm 的玻璃管上；原、副边线圈放入一个高 50 cm、内径16.5 cm 的玻璃管内，并浸入绝缘矿物油内；原边线圈与振荡电路相连，副边线圈两端可获得 10^5~10^6 Hz 的高频电流，并可观察到明显的火花。这台变压器曾用于研究高频电振荡现象，并曾借此观察到集肤效应。

图 1.25　斯坦利主持设计制造的第一台变压器（1885 年）（500 V/100 V）

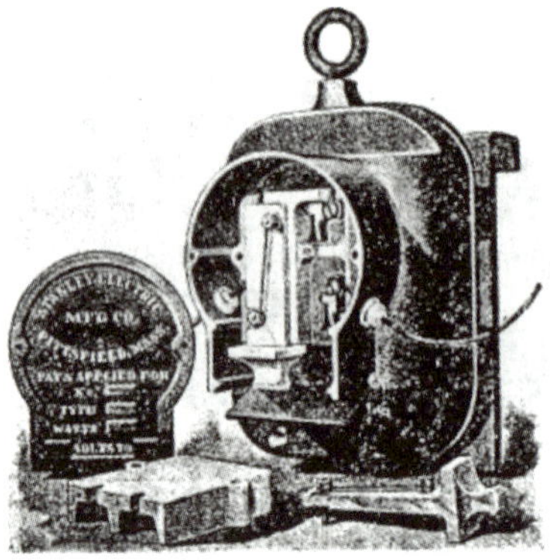

图 1.26　斯坦利电气制造公司制造的商用变压器

图 1.27　斯坦利电气制造公司制造的 25 kV·A 商用变压器（1891 年）

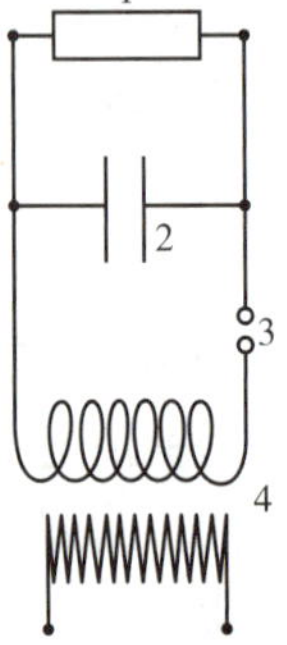

图 1.28　特斯拉高频变压器原理图（1891 年）

1.1.5　三相变压器的诞生

高兰德-吉布斯二次发电机和 Z-D-B 变压器都是单相变压器，发明三相变压器的则是被誉为“三相交流电之父”的俄国科学家多利沃-多布罗夫斯基。1888 年，他提出三相电流可以产生旋转磁场，并发明三相同步发电机和三相鼠笼式电动机。1889 年，他为解决三相电流的传输及供电问题，开始研究三相变压器。与当时的单相变压器相比，多利沃-多布罗夫斯基三相变压器的原边、副边线圈并无太大差别，主要区别在铁芯布置方面。当年，他申请了第一个三相变压器铁芯的专利，其中 3 个芯柱在周向垂直对称布置，且上、下与两个轭环相连。这种结构类似于欧洲中世纪的修道院，故称为“Temple type（寺院式）”，如图 1.29（a）所示。后来由“寺院式”结构又发展出图 1.29（b）和（c）所示形式。

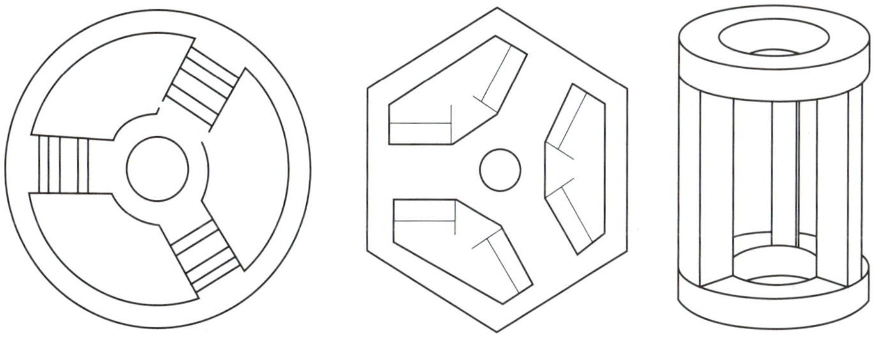

（a）　（b）　（c）

图 1.29　三相变压器铁芯结构形式

（a）寺院式　（b）（c）发展后的寺院式

世界上第一台三相变压器出现于 1891 年。当年 8 月，世界博览会在德国法兰克福召开，会议组织者为了展示交流电的输送和应用，在 175 km 外的德国劳芬的波特兰水泥厂内装设了一套三相水轮发电机组（容量为 210 kV·A，转速为 150 r/min，频率为 40 Hz，相电压为 55 V），给博览会上的 1 000 盏电灯和一台 100 马力（1 马力 ≈0.735 kW）的三相感应电动机供电。为此，德国通用电气公司（AEG）和瑞士奥立康（Oerlikon）厂分别为该劳芬-法兰克福工程提供了 4 台和 2 台三相变压器。在劳芬，AEG 公司提供了 2 台三相升压变压器（每台容量为 100 kV·A，变比为 1：160，Y-Y 接），Oerlikon 工厂提供了 1 台三相升压变压器（容量为 150 kV·A，变比为 1：155）；在法兰克福的两座降压变电所，则分别装有 2 台 AEG 公司生产的三相降压变压器（变比为 123：1）向电动机供电以及 1 台 Oerlikon 工厂生产的三相降压变压器（变比为 116：1）向 1 000 盏电灯供电。其中，实测变压器的最高效率已达到 96%。图 1.30 为 AEG 公司制造的三相变压器。

1.1.6　其他变压器

除上面介绍的多种变压器外，19 世纪后期及 20 世纪初期还有许多人进行了变压器的研究工作，并制成了形形色色的变压器，使早期变压器异彩纷呈，也为后期各型变压器的发展积累了宝贵的经验。

英国科学家费兰特（S. Z. Ferranti，1864—1930 年）对变压器进行了研究，并于 1885 年取得了有关闭合磁路变压器的专利权；1888 年研制成铁片弯成圆形从而组成铁芯的变压器（图 1.31）；1891 年制成一台 10 kV/2 kV 的较大容量变压器，其铁芯由 10 段组成，每段铁芯均由弯成圆形的铁片组成，各段铁芯间的间隙用作通风冷却（图 1.32）。

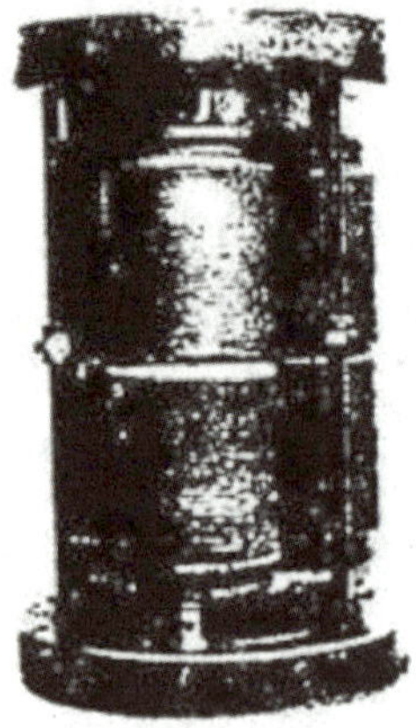

图 1.30　AEG 公司三相变压器(1891 年)

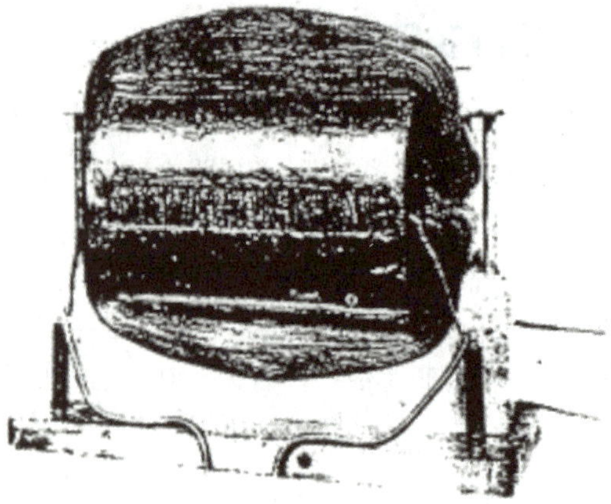

图 1.31　费兰特变压器(1888 年)

1884 年,英国电工学家 J. 霍普金森(J. Hopkinson, 1849—1898 年)和他的弟弟 E. 霍普金森(E. Hopkinson, 1859—1922 年)申请了闭合磁路变压器的专利。

1891 年,莫迪(M. W. Mordey)为布拉什(Brush)公司设计制成一台采用叠片铁芯的变压器(图 1.33)。

图 1.32　费兰特 10 kV/2 kV 变压器(1891 年)

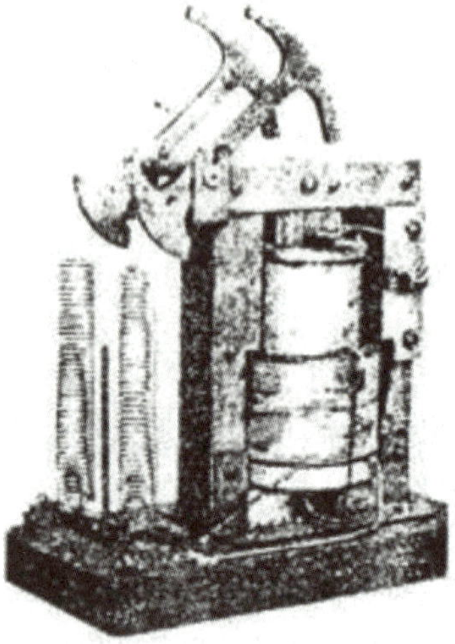

图 1.33　莫迪叠片铁芯变压器(1891 年)

美国电工学家汤姆森(E. Thomson, 1853—1937 年)早在 1879 年就在富兰克林学院研究过变压器。1886 年,他制成第一台电焊变压器,其副边线圈为单匝,不久后又制成恒流变压器(图 1.34)。后来,迪克(Disk)和肯尼迪(R. Kennedey)发明了一种采用 H 形铁芯的变压器结构(图 1.35)。

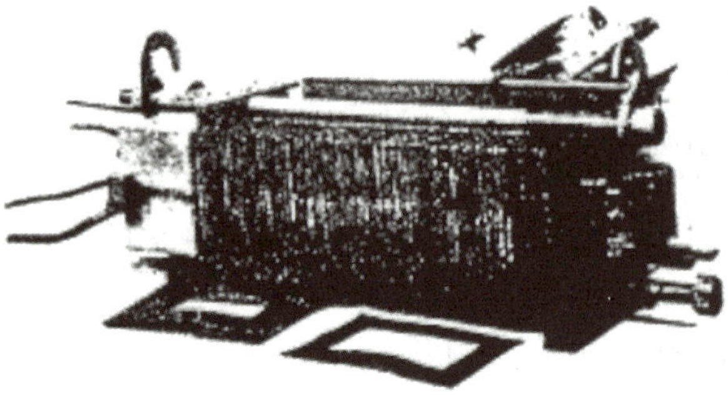

图 1.34　汤姆森恒流变压器(1886 年)

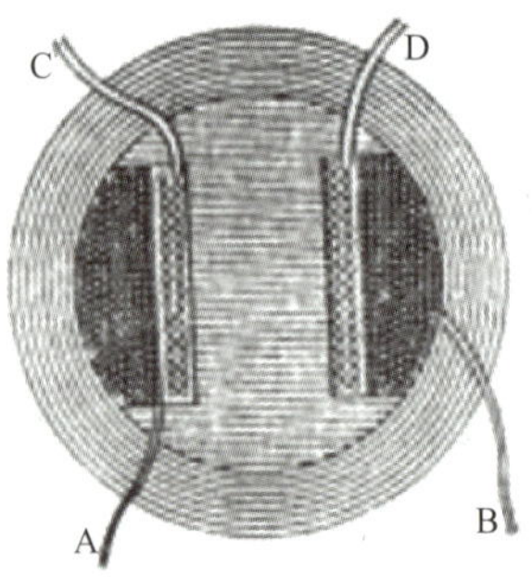

图 1.35　迪克-肯尼迪变压器剖面图

1889 年,英国科学家斯温伯恩(M. Swinburne)发明了“刺猬式”油浸变压器,这种变压器现在仍有应用。

除此之外,在 19 世纪八九十年代研究变压器的人士还有 Masson, Feldmann, W. Sturgeon, J. A. Fleming,

W. B. Esson, I. Chenut, G. Ferrais, R. Ruhlman, W. Peukert, K. Zickier, G. Kapp, E. Hospitalier, F. Uppenborn, A. Urbanitzky, R. E. Crompton, K. D. Mackenzie, G. Forbes, S. Straub, F. Wilking, M. A. A. Roiti, M. Swinburne, Kittler 等。

由于电力工业能方便地为工农业生产和人民生活提供方便的能源，所以电力工业在最近 100 多年来有了迅速的发展。自 1949 年新中国成立后，随着经济的快速发展，电力工业也同样有了迅速的发展，特别是改革开放以来发展更快。截至 1998 年底，全国共建成 35 kV 变电所 15 091 座，3~10 kV 配电变压器 2 799 132 台，容量共计 2.676 亿 kV·A。

任务二　变压器在电力系统中的地位

为了安全、经济地发供电，国内外都把许多发电厂经过升压、降压变压器（变电所）和高压输配电线路与电力用户连接起来，进而组成一个统一的供用电系统，称为动力系统。动力系统中的一部分，即发电厂的电气部分、变电所、输电线路、电力用户，称为电力系统，而电力系统中的变电所和输电线路称为电力网，如图 1.36 所示。

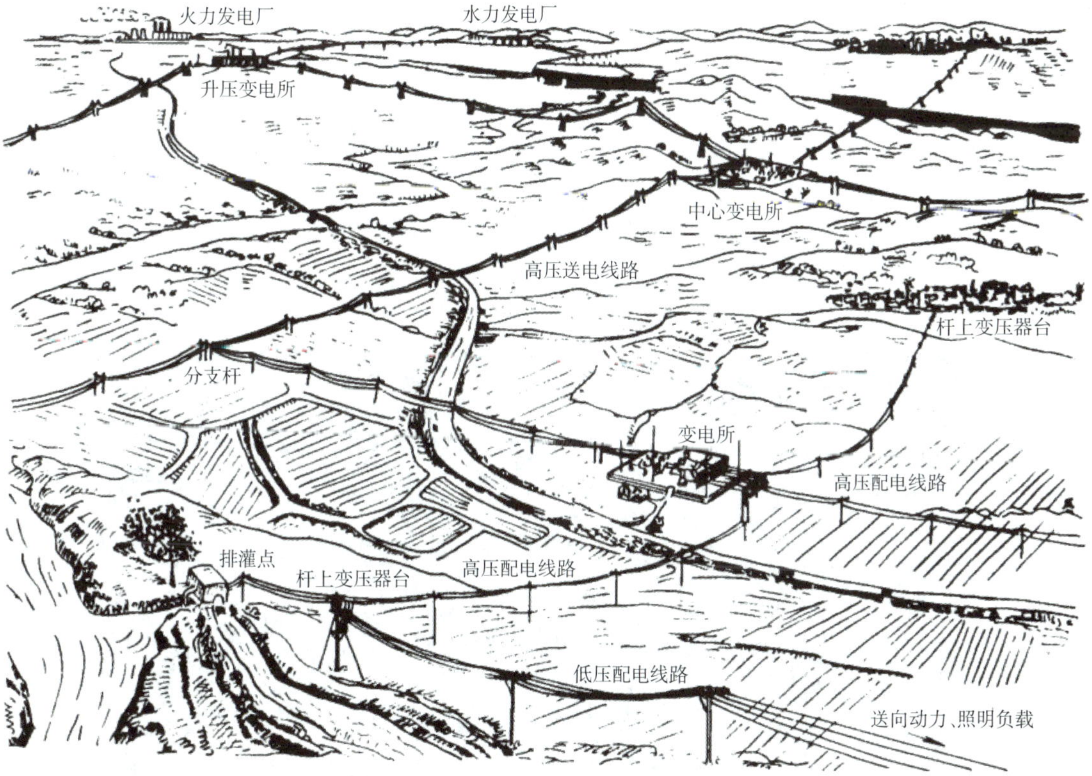

图 1.36　电力网示意图

在各种电气设备中，往往需要不同电压的电源。例如，我们在日常生活中的照明用电都是 220 V，或者 110 V；机床、粉碎机等机器的电动机用电是 380 V；安全照明用电是 36 V；而城市工业供电线路的电压高达 6 kV 或 10 kV。由于对用电要求的不同，以及为了便于配备相适应的各种电气元件，将电压分成许多等级，如 500 V 及以下、3 kV、6 kV、10 kV、35 kV、66 kV、110 kV、154 kV、220 kV、330 kV、500 kV 级等。

现代化的工业企业广泛采用电力作为能源，而电能都是由新能源发电系统或水电站和发电厂的发电机直接转化出来的。发电机发出来的电要根据输送距离按照不同的电压等级输送出去，就需要有一种专门改变电压的设备，这种设备就称为“变压器”。

变压器是电力系统中最重要的电气设备之一，它能将电压由低变高或由高变低。由电工基础知识可知，当输送同一电功率时，其功率损耗与电压的二次方成反比，电压损失与电压成反比，即电压越高，消耗在输电线路上的功率损耗和电压损失越小。因此，为了减少输电线路上的功率损耗和电压损失，必须用变压器将电压升高。另外，高压电送到用电地区后不能直接应用，因为一般用电设备的电压是 220 V 或 380 V，有的大型电动机是 3 kV 或 6 kV。所以，为了适应用电设备的需要，就要用变压器将高电压变为用户所需要的低电压。在电力系统中，通常发电机的装机容量与变压器的总容量之比约为 1 : 6。由此可知，在电力系统中变压器是十分重要的。

由于变压器在输配电系统中起着很重要的作用，因此要求它应安全、可靠地运行。当变压器在运行中损坏时，将造成停电事故。变压器除应用在电力系统中外，在其他方面变压器的应用也十分广泛。例如，根据配套需要供给冶炼用电炉变压器、电解用或化工用整流变压器、煤矿用防爆变压器和特殊结构的矿用变压器，以及交通运输用电机车变压器和船用变压器等。变压器在电力系统中的应用如图 1.37 所示。在实际工作中，变压器除用来变换交流电压外，还用来变换交流电流（如电流互感器、大电流发生器等）、变换阻抗（如电子线路中的输入、输出变压器）、改变相位（如改变接线和极性）等。

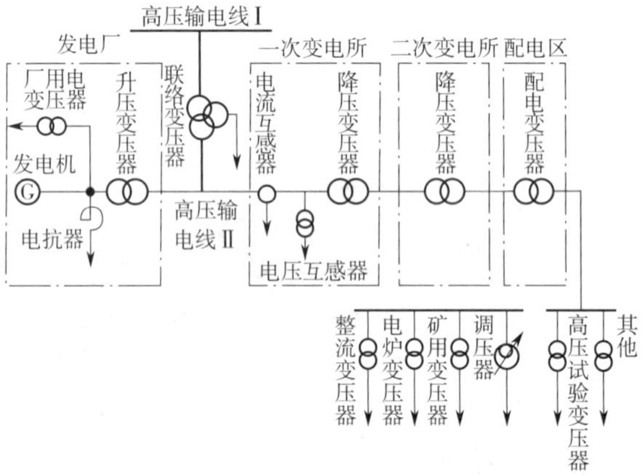

（a）

（b）

（c）

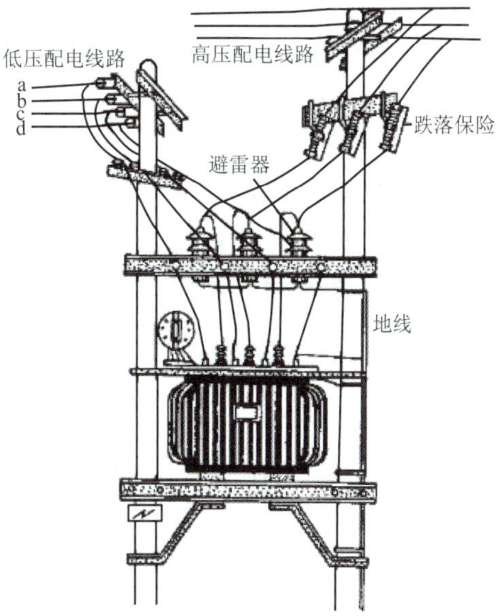

（d）

图 1.37　变压器在电力系统中的应用

（a）整体示意　（b）输变电示意　（c）输电变压器　（d）配电变压器

任务三　变压器的分类

变压器有不同的使用条件、安装环境，有不同的电压等级和容量级别，有不同的结构形式和冷却方式，所以应按不同原则对变压器进行分类。

1.3.1　按容量分类

根据沈阳变压器研究所主编的《电机工程手册》中的“变压器篇”的规定，容量为 630 kV·A 及以下的变压器称为小型变压器，容量为 800~6 300 kV·A 的变压器称为中型变压器，电压在 110 kV 及以下、容量为 8 000~63 000 kV·A 的变压器称为大型变压器，电压在 220 kV 及以上、容量为 3 150 kV·A 及以上的变压器称为特大型变压器。

1.3.2　按用途分类

特殊类型变压器

1.3.2.1　电力变压器

电力变压器通常有以下 5 种。

（1）升压变压器：用于将低电压变为高电压，进行远距离输送。

（2）降压变压器：用于将高电压变为低电压，以满足电力网的要求。

（3）配电变压器：凡低压侧电压为 400 V（单相为 230 V）的变压器，一般高压侧电压为 6~10 kV（电站中也有 3 kV）。如果高压侧电压为 35 kV（也有 66~110 kV），则称为直配配电变压器，简称为直配变。配电变压器用于配电网络，可满足工农业生产和人们日常生活的要求。

（4）联络变压器：用于两变电所系统的联络。

（5）厂用或所用变压器：发电厂或变电所自用变压器，也可指厂矿企业专用变压器。

1.3.2.2 仪用变压器

仪用变压器通常有电流互感器、电压互感器,用于测量和保护装置。

1.3.2.3 电炉变压器

电炉变压器通常有炼钢炉变压器(二次电压为 110~250 V)、电石炉变压器(二次电压为 90~150 V)、感应炉变压器(二次电压为 400~1 000 V),还有熔炼铁合金、化肥生产、石墨生产和加热用的电炉变压器。它们的共同特点是二次电压低、电流大,都采用有载调压,低压出线铜排和引至电炉电极的铜排(电缆)保持的合成阻抗较大,以限制短路状态下的工作电流,避免绕组受应力过大而损坏。

1.3.2.4 试验变压器

试验变压器的其特点是二次电压很高,有的试验变压器二次电压最高可达 1 000 kV 及以上,而电流很小,通常为 1 A 至几安,主要用来做电气设备和绝缘材料的工频耐压试验。

1.3.2.5 整流变压器

整流变压器是整流设备的电源变压器,整流设备是现代工业企业广泛采用的直流电源,如电解、电镀、电力牵引、直流输电等领域。其一次侧输入交流电,二次侧输出直流电,在二次绕组中工作电流是不规则的非正弦波,并存在直流电流分量。

1.3.2.6 调压变压器

调压变压器可分为自耦式调压变压器、感应式调压变压器和移圈式调压变压器等。

1.3.2.7 矿用变压器

矿用变压器是用于矿井的变压器,其套管不暴露在外,用电缆与外界连接,能防尘、防机械损坏。由于用于矿井开采的变压器要求防爆(防可燃气体和粉尘爆炸),故又称为防爆变压器。

1.3.2.8 其他变压器

其他变压器有船用变压器、中频变压器、电焊变压器、电抗器、消弧电抗器、X 光变压器、换相器、滤波器、无线电小变压器、行灯变压器、接地变压器等。

1.3.3 按相数分类

变压器按相数分类有单相变压器和三相变压器。其中,前者用于单相负载或三相变压器组。

1.3.4 按铁芯结构分类

1.3.4.1 芯式变压器

芯式变压器又称为内铁式变压器,其特点是绕组包围铁芯,也就是说绕组的两边有一边没有铁芯(或铁轭),只有内芯和另一边有铁芯,因此称为芯式变压器,如图 1.38(a)所示。芯式变压器为目前绝大多数厂家所生产的变压器类型。

1.3.4.2 壳式变压器

壳式变压器又称为外铁式变压器,其特点是铁芯包围绕组,也就是说绕组的两边都有铁芯(或铁轭),犹如一个外壳，因此称为壳式变压器，如图 1.38（b）所示。壳式变压器主要用在无线电小变压器和特大型电力变压器上。

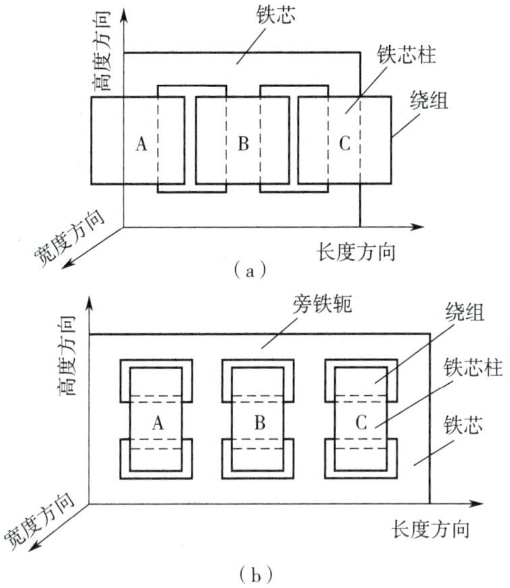

图 1.38 三相变压器结构

（a）芯式 （b）壳式

1.3.5 按调压方式分类

变压器按调压方式可分为无励磁调压变压器和有载调压变压器。

1.3.6 按冷却介质分类

变压器按冷却介质可分为油浸式变压器、干式变压器、充气式变压器等。

1.3.7 按冷却方式分类

变压器按冷却方式可分为油浸自冷式、油浸风冷式、强迫油循环风冷式、强迫油循环水冷式、蒸发冷却式等。

1.3.8 按结构分类

变压器按结构可分为非晶合金铁芯变压器、平面卷铁芯变压器、R 型铁芯变压器、立体卷铁芯变压器、调容变压器、组合变压器等。

1.3.9 按绕组数量分类

1.3.9.1 双绕组变压器

中小型变压器一般都是双绕组变压器，其中的双绕组分为一次绕组和二次绕组，也可称为高压绕组和低压绕组。

1.3.9.2　三绕组变压器

三绕组变压器采用三个不同电压等级的绕组（每相），一般用在大型或特大型变压器中。在需要用两种不同的电压向电力系统或用户供电时，或者在枢纽变电所中需要连接几种电压不同的电力系统时，采用一台三绕组变压器比较简单而且经济。通常把三绕组变压器的三个绕组称为一、二和三次绕组，或称为高、中和低压绕组。三绕组变压器可做成三相的，也可做成单相的（容量大）。

1.3.9.3　自耦变压器

一般双绕组和三绕组变压器的一、二次绕组都是单独分开的，并互相绝缘，绕组之间仅通过电磁耦合联系，而没有直接的电路联系。如图 1.39 所示，在一次绕组 AX 中间抽出一个头 a，并以 ax 作为二次绕组，这时绕组之间除有电磁联系外，在电路上也有联系，并有一部分绕组是公共的。这种结构的变压器称为自耦变压器。

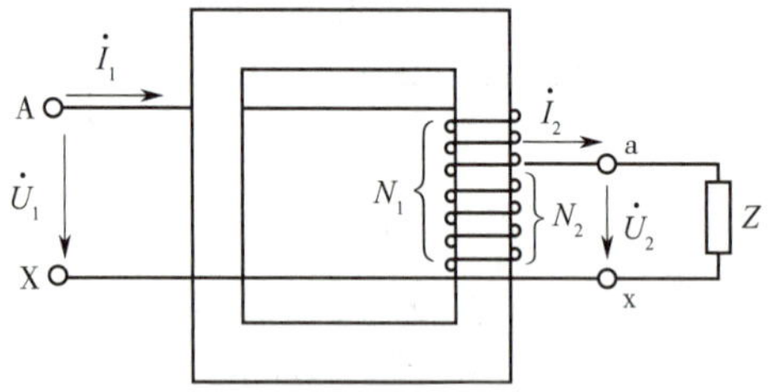

图 1.39　自耦变压器原理图

1.3.9.4　分裂变压器

分裂变压器是将变压器的低压绕组分裂为在电路上互不相连，而在磁路上只有松散耦合的两个绕组的变压器。这两个低压绕组分别接在两台发电机上，每台发电机可以单独运行，也可以同时运行，若一台发电机发生故障退出运行，另一台发电机仍能正常工作。满足上述要求的低压绕组，称为双分裂绕组。每一双分裂绕组的容量为变压器容量的一半，绕组的轴向分裂排列方式如图 1.40 所示，也可采用辐向分裂排列方式（即低—高—低排列）。

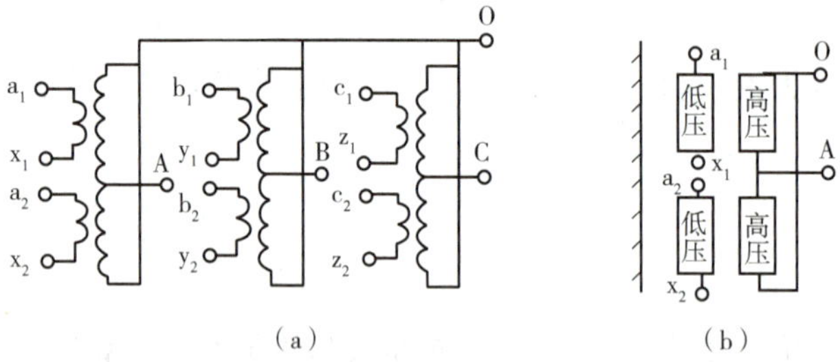

图 1.40　三相双绕组低压轴向双分裂变压器

（a）原理接线图　（b）每柱绕组排列图

任务四　我国电网及变压器制造工业的发展

1.4.1　我国电力市场的发展

我国变压器行业的发展与我国电力工业的发展息息相关。2023 年是全面贯彻党的二十大精神的开局之年。我国经济在风高浪急中展现强劲韧性，走出一条回升向好的复苏曲线。2023 年，我国电网工程建设完成投资 5 275 亿元，同比增长 5.4%。受电力需求增长以及电源结构调整等政策导向影响，我国电源工程投资整体保持快速增长趋势，并逐步超过电网工程建设投资。2019—2023 年我国电源工程及电网工程投资情况如图 1.41 所示。

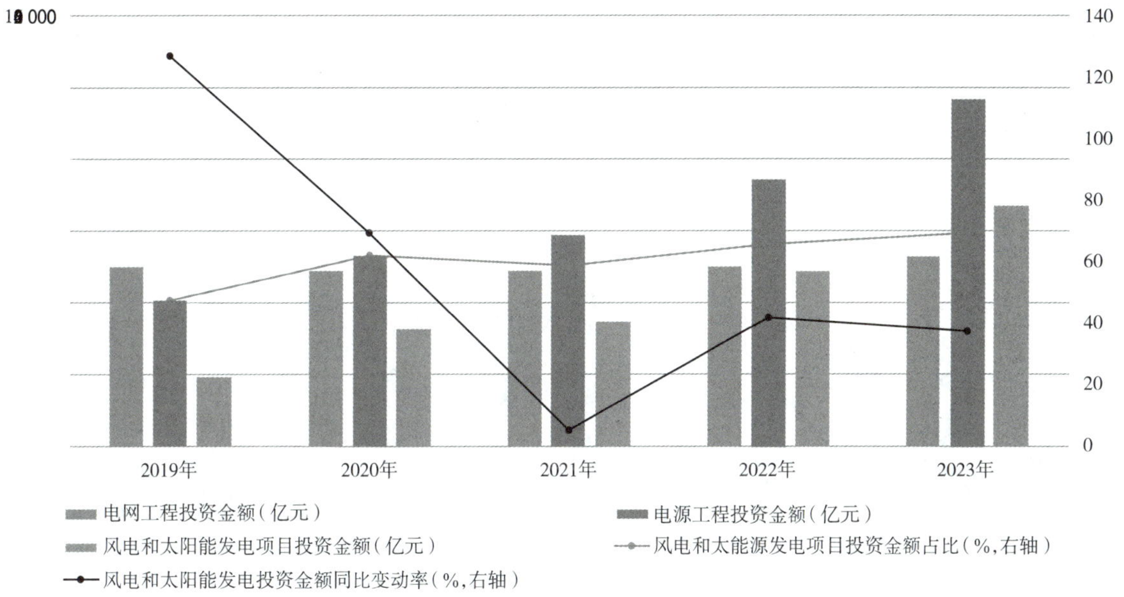

图 1.41　2019—2023 年我国电源工程及电网工程投资情况

2023 年，我国主要发电企业电源工程投资为 9 675 亿元，同比增长 30.1%，增速同比提高 7.3 个百分点。其中，风电和太阳能发电项目投资占电源工程投资的比重由 2019 年的 47.4%提升至 2023 年的 69.3%。在装机容量方面，2023 年我国新增发电装机容量 3.7 亿千瓦。受能源转型规划和大基地项目推进影响，新能源装机增量明显。其中，太阳能发电新增装机容量 2.2 亿千瓦（含 9 628.6 万千瓦分布式电站），占新增发电装机总容量的 58.5%。截至 2023 年底，我国全口径发电设备装机容量为 29.2 亿千瓦。其中，非化石能源发电装机容量为 15.7 亿千瓦，占总装机容量比重首次突破 50%而达到 53.8%，延续绿色低碳转型趋势。

中国变压器发展历程

中国风电及光伏电站主要集中在北方地区，而电力消纳需求主要集中在中东部地区，电源布局与电力需求在区域布局上存在失衡。目前，北方地区风光富余电量主要通过增加当地消纳需求以及外送消纳，前者主要依赖当地政府通过招商政策引导耗能企业落地，以提高本地电力需求负荷；后者主要为通过特高压电网外送进行省间交易，但存量特高压电网利用率仍有待提升。特高压电网为“西电东送、北电南供”的主要输送通道，“十四五”期间，国家电网规划建设特高压工程“24 交 14 直”，涉及线路 3 万余千米。在增量特高压电网投产前，风光大基地仍有大规模项目投产，且以北方地区为主，风光消纳压力将明显加大。因此，电网调峰、储能和智能化调度能力建设将成为提升电力系统调节能力的主要举措，也是推动新能源大规模、高比例发展的关键支撑。在电网调峰能力建设方面，将深入开展火电机组深度灵活性改造，推动流域龙头水库建设，加强大电网优化资源配置作用等；在智能化调度能力建设方面，将加强数字技术在电力系统各环节的应用，利用资源互补潜力增强跨区域协调调度能力和源网荷储协同调度能力等；在储能建设方面，将推动抽水蓄能规划，推进电源侧和电网关键点的灵活储能配置等。其中，部分省市已提出对新增风电及光伏发电项目进行储能配置的要求，配储比例要求一般在 10%~20%，配储时长要求多在 2 h 以上（部分省配置要求高达 4 h）。截至 2023 年底，全国已建成投运新型储能项目 3 139 万千瓦，平均储能时长 2.1 h。此外，根据《抽水蓄能中长期发展规划（2021—2035 年）》，到 2025 年，抽水蓄能投产总规模预计将较“十三五”时期翻一番，达到 6 200 万千瓦以上；到 2030 年，抽水蓄能投产总规模预计将较“十四五”时期再翻一番，达到 1.2 亿千瓦左右。

2023 年，我国电力消费水平回升。根据有关资料数据显示，2023 年，我国全社会用电量为 92 241 亿千瓦时，同比增长 6.8%。受国民经济回升、“新三样”产量增长等因素影响，2023 年我国用电量增速回升，高于 GDP 增速 1.6 个百分点，已连续四年超过 GDP 增速。2020—2023 年，我国电力弹性系数均保持在大于 1 的水平，即我国近四年用电量增速均高于 GDP 增速。2014—2023 年我国各产业用电量规模持续增长（图 1.42），拉动用电量增速超过 GDP 增速。经济发展和“双碳”目标推动我国现代化产业体系建设，带动传统产业转型升级高速发展并实现用能替代，涌现出的新兴产业也增加了产业用电，如制造业和第三产业用电量快速增长、居民取暖“煤改电”等电能替代均拉动了电力消费。

注：电动载人汽车（新能源汽车）、锂电池、太阳能电池被称为我国外贸“新三样”。

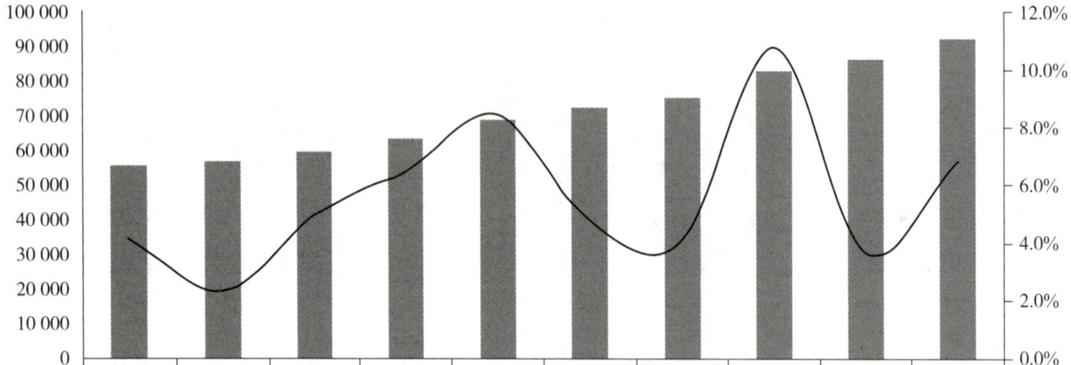

	2014	2015	2016	2017	2018	2019	2020	2021	2022	2023
总量	55 637	56 933	59 747	63 625	69 002	72 255	75 214	83 313	86 369	92 241
增速	4.1%	2.3%	4.9%	6.5%	8.5%	4.7%	4.1%	10.8%	3.7%	6.8%

图 1.42　2014—2023 年我国全社会用电量（亿千瓦时）及增速情况

1.4.2　我国变压器行业年新增产量

随着我国电网工程建设投资和电力需求的不断增长，变压器行业整体产销规模大幅提升。根据中国机械工业联合会统计数据显示，2017 年以来，我国变压器总产量整体呈现振荡趋势。在经历 2018 年变压器总产量大幅下滑后，2019—2021 年我国变压器总产量每年下降 1%左右，2021 年整体规模达到 172 252.11 万千伏安，同比下降 0.78%。初步统计 2022 年变压器总产量继续下滑，整体规模在 170 530 万千伏安左右。近年来我国新能源发电加速发展，全国各地特高压项目也相继落地，带动电力变压器行业不断发展，行业市场规模也随之持续扩张。有关研究机构发布的数据显示，2021 年我国电力变压器市场规模约为 266 亿元，初步统计 2022 年我国电力变压器市场规模在 292 亿元左右。

1.4.3　我国节能配电变压器的发展

依据有关市场调研，在整个生命周期中，变压器的使用阶段对环境的影响最为显著，主要表现为能源消耗、水资源消耗、温室气体排放以及酸化作用。其次，变压器在制造阶段也会对环境造成较大影响主要表现为产生非有害废弃物、可挥发性有机物、持久性有机污染物、多环芳烃排放以及富养作用。在变压器的生命末期，由于变压器中使用矿物油或树脂材料，将产生有害废弃物、特殊排放以及富养作用。由于《电力变压器》系列标准，（GB/T 1094 根据 IEC 60076 系列标准转化）没有损耗测试标准或能源应用测量规程，只规定了损耗不超过标称损耗的 15%即可，显然不能满足电力系统对变压器本体能耗的要求，所以我国又补充制定了关于变压器损耗要求的一系列标准，对空载损耗和负载损耗等提出了最低的能耗要求。

随着我国“节能降耗”政策的不断深入，国家鼓励发展节能型、降噪型、智能化的配电变压器。目前，依然在网运行较大数量的高能耗配电变压器，面临技术升级、更新换代的要求，未来将逐步被节能、节材、环保、降噪的变压器所取代。自 2020 年 6 月 1 日起实施的《电力变压器能效限定值及能效等级》（GB 20052—2020）主要规定了变压器能效限定值以及能效等级。变压器的能效限定值是指在规定测试条件下，变压器的空载损耗和负载损耗应达到的标准值。该标准规定了变压器损耗的最大值，即变压器的市场准入值。

1.4.4　节能降耗的一般措施

我国电力用户不仅把安全放在首位，同时也非常重视变压器损耗的降低。因此，在采购变压器时，主要运用 TOC 评价体系，同时加强对于变压器可靠性与安全性的监察，并严格监管老旧变压器的回收和处理。一般情况下，可采取以下措施以实现节能降耗。

1.4.4.1　加强工厂供电系统的科学管理

（1）加强能源管理，建立健全管理机构和制度。
（2）实行计划用电，提高能源利用率。
（3）实行负荷调整，降低负荷高峰，提高供电能力。
（4）实行经济运行，全面降低系统能耗。
（5）加强运行维护，提高检修质量。

1.4.4.2　完善工厂供用电系统的技术改造

（1）逐步更新淘汰现有低效耗能设备。
（2）改造现有耗能大的设备。
（3）改造现有供配电系统，降低线路损耗。
（4）合理选择供用电设备的容量，或进行技术改造，提高设备负荷率。
（5）采用无功补偿设备，人为地提高功率因数（企业≥0.9，照明≥0.85，农业≥0.8）。

1.4.4.3　供用电设备的电能节约

1. 电力变压器节电的一般措施

（1）选用新型低损耗（即节能型）电力变压器，淘汰或改造老旧电力变压器。
（2）合理选择电力变压器的容量。
（3）实行电力变压器的经济运行。
（4）加强电力变压器的运行维护和检修试验工作。

2. 电动机节电的一般措施

（1）选用新型高效能电动机，淘汰或改造老旧电动机。
（2）合理选择电动机的类型、容量和运行方式。
（3）采用先进的控制方式和控制设备（如电动机重、轻载的△—Y 自动切换运行）。
（4）设法提高电动机的自然功率因数或进行无功补偿。
（5）合理选择电动机容量和调速方式，以获得较高的功率因数。
（6）长期轻载运行的△连接的电动机可改为 Y 连接，以减小铁耗，提高功率因数。
（7）绕线型电动机同步化，或采用同步电动机，以提高功率因数。
（8）提高检修质量，减小空载损耗，亦可提高功率因数、节约电能。
（9）加强电动机的运行维护和检修。

【任务实施】

根据项目任务书和项目完成报告进行任务实施，见表 1-1 和表 1-2。

表 1-1　项目任务书

任务名称	变压器分类的认识		
小组成员			
指导教师		计划用时	
实施时间		实施地点	
任务内容与目标			
1. 熟悉按容量分类； 2. 掌握按用途分类； 3. 掌握按铁芯结构分类。			
考核项目	1. 按容量分类 2. 按用途分类 3. 按铁芯结构分类		
备注			

表 1-2　项目任务完成报告

任务名称	变压器分类的认识		
小组成员			
具体分工			
计划用时		实际用时	
备注			
1. 试分析变压器分类的方法有哪些？ 2. 变压器按绕组分类，有哪些种类？			

【任务评价】

根据项目任务综合评价表进行任务评价，见表 1-3。

表 1-3　项目任务综合评价表

任务名称：　　　　　　　　　　　　　　　　　　　　　　　　测评时间：　　年　　月　　日

考核明细		标准分	实训得分								
			小组成员								
			小组自评	小组互评	教师评价	小组自评	小组互评	教师评价	小组自评	小组互评	教师评价
团队60分	小组成员是否能在总体上把握学习目标与进度	10									
	小组成员是否分工明确	10									
	小组成员是否有合作意识	10									
	小组成员是否有创新想（做）法	10									
	小组成员是否如实填写任务完成报告	10									
	小组成员是否存在问题和具有解决问题的方案	10									
个人40分	个人是否服从团队安排	10									
	个人是否完成团队分配任务	10									
	个人是否能与团队成员及时沟通和交流	10									
	个人是否能够认真描述困难、错误和修改的地方	10									
合计		100									

【知识巩固】

1. 变压器的分类方式和种类有哪些？
2. 简述变压器在电力系统中的位置。
3. 简述我国电网及变压器制造工业的发展。

项目二 变压器基本理论

融理论于实践,铸匠心于担当——党的二十大精神引领下的变压器基本理论与思政教育协同育人实践

基于法拉第电磁感应定律揭示的原副边绕组能量传递机制,我国科研团队在党的二十大精神指引下,围绕“打赢关键核心技术攻坚战”的战略部署,成功自主研发高频变压器拓扑结构。这一突破不仅助力高铁牵引供电系统摆脱国外专利壁垒,更以“自主可控”的实践成果诠释了二十大报告提出的“健全新型举国体制,强化国家战略科技力量”的核心要义。其成果被纳入国家电网“十四五”骨干电网建设工程,成为支撑智能电网发展的关键技术节点,彰显了“将创新主动权牢牢掌握在自己手中”的战略价值。

青海玉树高寒地区配电改造工程生动体现了二十大报告中“统筹乡村基础设施和公共服务布局”的民生导向。面对海拔 4 500 米的极端环境,技术团队创造性采用环氧树脂浇注干式变压器与智能温控系统组合方案,将牧民户均停电时间从每年 50 小时压缩至 2 小时。项目团队中高职毕业生占比达 78%,其“零下 30 ℃坚守运维”的担当精神,正是二十大“弘扬劳动精神、奋斗精神”在基层一线的鲜活注脚。

知识目标

- 1. 了解变压器基本工作原理。
- 2. 掌握变压器运行时副边电压变化特性与调压装置工作原理。
- 3. 认知变压器的突发短路过程及其影响。
- 4. 掌握变压器的主要损耗类型及计算方法。
- 5. 熟悉变压器的发热机理和冷却方式。

能力目标

- 1. 能通过等效电路计算变压器电压调整率,并设计分级调压方案解决农村电网低电压问题。
- 2. 具备变压器突发短路电流仿真能力,能评估变压器动热稳定性。
- 3. 能运用空载/短路试验测定变压器损耗,并结合 GB—20052 标准提出能效优化建议。
- 4. 能根据环境条件(如高原、湿热)匹配冷却系统,制定散热器配置与油流导向方案。

素养目标

- 1. 培养科学严谨态度:通过毫伏安级空载试验数据记录,养成“数据不差分毫”的操作习惯。
- 2. 强化安全责任意识:学习某变电站因散热不良引发火灾的案例,树立“隐患即事故”的风险观念。
- 3. 弘扬团队协作精神:通过分组完成变压器温升联合测试项目,提升跨岗位协同能力。

任务一　变压器的基本工作原理

变压器是变换交流电压、电流和阻抗的器件。变压器的基本工作原理是电磁感应原理，也是电生磁、磁生电现象的一个具体应用。其中，当初级线圈中通有交流电流时，铁芯中便产生交流磁通，使次级线圈中感应出电压(或电流)。在发电机中，不管是线圈运动通过磁场或磁场运动通过固定线圈，均能在线圈中感应出电动势，这两种情况下磁通的值均不变，但与线圈相交链的磁通数量却有变动，这是互感应的原理。

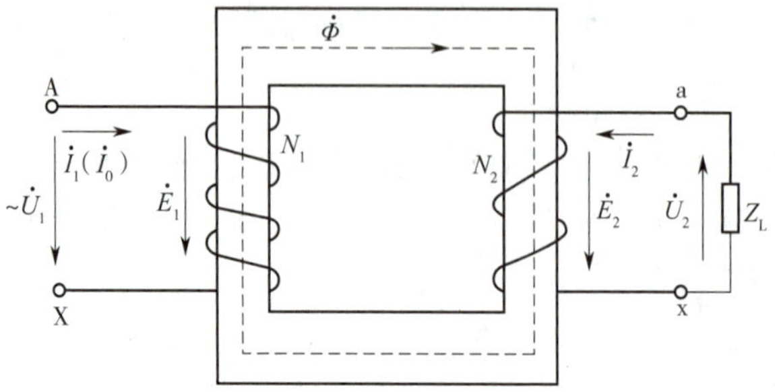

图 2.1　变压器基本工作原理图

变压器的基本组成部分是绕在共同磁路上的两个或两个以上的绕组，下面以单相双绕组变压器为例加以分析。图 2.1 所示为变压器基本工作原理图，它由两个匝数不等的线绕组绕在同一个闭合铁芯上组成，其中接电源的绕组称为一次绕组，匝数为 N_1，接负载的绕组称为二次绕组，匝数为 N_2。

将变压器的一次绕组的两端接到电压为 $\dot{U}_1$ 的交流电源上，当二次绕组开路时，在 $\dot{U}_1$ 的作用下，变压器一次绕组就有交流电流 $\dot{I}_0$ 流过，$\dot{I}_0$ 称为变压器的励磁电流或空载电流，且 $\dot{I}_0$ 用于建立空载磁动势 $\dot{F}_0$，$\dot{F}_0=\dot{I}_0N_1$。磁动势 $\dot{F}_0$ 在铁芯中产生交变磁通 $\dot{\Phi}$，该磁通在一、二次绕组中感应出电动势 $\dot{E}_1$ 、$\dot{E}_2$。当二次绕组接上负载时，在 $\dot{E}_2$ 的作用下，二次绕组就有电流 $\dot{I}_2$ 流过，而一次绕组就由空载时励磁电流 $\dot{I}_0$ 增至 $\dot{I}_1$。

为了讨论方便，假设变压器一、二次绕组电阻都等于零；一、二次绕组没有漏磁通，也就是它们是 100% 耦合的；铁芯硅钢片磁导率 μ 为无穷大，即铁芯无损耗。这种变压器称为理想变压器，在实际中是不存在的，它可以在不影响讨论问题结论正确性的情况下大为简化分析过程和难度。

设变压器一、二次绕组的匝数分别为 N_1 和 N_2，当变压器的一次绕组接到频率为 f、电压为 $\dot{U}_1$ 的正弦交流电源时，根据变压器的基本工作原理可知，铁芯中的交变磁通 $\dot{\Phi}$ 将分别在一、二次绕组中感应出电动势，一次绕组的感应电动势为

$$\dot{E}_1=-N_1\frac{\mathrm{d}\dot{\Phi}}{\mathrm{d}t}$$

式中：$\frac{\mathrm{d}\dot{\Phi}}{\mathrm{d}t}$ 为磁通的变化率；负号表示磁通增大时，电动势 $\dot{E}_1$ 的实际方向与电动势的正方向相反。

根据理想变压器特点，由回路电势平衡规律，可得

$$\dot{U}_1=\dot{E}_1$$

可以推导出它们的数值关系为

$$U_1=E_1=4.44N_1f\Phi_m$$

式中：Φ_m 为磁通幅值。

可知，当频率 f 及一次绕组匝数 N_1 一定时，磁通幅值的大小取决于外加电压幅值 U_1。

同样，磁通 Φ 在二次绕组中也感应出电动势，即 $\dot{E}_2$，且有

$$U_2=E_2=4.44N_2f\Phi_m$$

则可得

$$\frac{U_1}{U_2}=\frac{E_1}{E_2}=\frac{N_1}{N_2}=K$$

式中：K 为变压器的电压比，或称为变比、匝数比，它的定义是一、二次绕组感应电动势之比。

对于三相变压器，在已知额定电压（线电压）的情况下，求变比时必须将额定线电压换算成额定相电压。

当 $N_1 > N_2$ 时，K>1，此时 $U_1 > U_2$，变压器输出电压比输入电压低，这样的变压器称为降压变压器。当 $N_1 < N_2$ 时，K<1，此时 $U_1 < U_2$，变压器输出电压比输入电压高，这样的变压器称为升压变压器。

任务二　变压器的运行原理

变压器运用电磁感应基本原理

在一次绕组加上电压后，变压器就进入运行状态。下面从变压器空载运行和负载运行两方面分析变压器的运行原理。

2.2.1　变压器空载运行

变压器的一次绕组接在交流电源上，而二次绕组开路运行时，称为空载运行。变压器空载运行时，由于二次绕组没有电流，因此空载运行比较简单。空载运行是变压器的一种基本运行状态，因此分析变压器时往往先从分析空载运行开始。

当一次绕组接通交流电源时，所加的交流电压 $\dot{U}_1$ 在一次绕组中产生一个交流电流，这个电流产生交变磁通，在铁芯中构成磁路，同时穿过变压器的一、二次绕组，使一、二次绕组产生感应电动势 $\dot{E}_1$、$\dot{E}_2$。当交流电压 $\dot{U}_1$ 不变时，铁芯中的磁通维持不变，这个磁通称为主磁通 Φ。当变压器二次绕组不接入负载而开路时，变压器处于空载状态，一次绕组中流过的电流 $\dot{I}_0$ 为一次绕组额定电流的 2%~10%，二次绕组中的电流 $\dot{I}_2$ =0。

按照电磁感应定律，变化的磁通 $\dot{\Phi}$ 在一次绕组中产生感应电动势 $\dot{E}_1$，在二次绕组中产生感应电动势 $\dot{E}_2$。根据基尔霍夫定律，当 $\dot{I}_0$ 忽略不计时，可以认为感应电动势 $\dot{E}_1$ 与电源电压 $\dot{U}_1$ 大小相等、方向相反，而二次绕组两端的电压 $\dot{U}_{02}$ 与感应电动势 $\dot{E}_2$ 大小相等、方向相同，即有

$$\dot{U}_1 = -\dot{E}_1\dot{U}_2 = \dot{E}_2$$

铁芯主磁通 Φ 按 $\Phi = \Phi_m \sin\omega t$ 变化，则有

$$e_2 = -N_1\frac{\mathrm{d}\Phi}{\mathrm{d}t} = -\omega N_1\Phi_m\cos\omega t = \omega N_1\Phi_m\sin(\omega t - 90°) = E_{1m}\sin(\omega t - 90°)$$

$$E_{1m} = \omega N_1\Phi_m = 2\pi f N_1\Phi_m$$

其有效值

$$E_1 = \frac{E_{1m}}{\sqrt{2}} = 4.44N_1 f\Phi_m$$

同理可得

$$E_2 = 4.44N_2 f\Phi_m$$

在实际变压器中，一次绕组总有一定的电阻 r_1，当 $\dot{I}_0$ 流过时将产生电阻压降 $\dot{I}_0 r_1$，同时一次绕组有漏磁通 $\Phi_{\sigma1}$，并在一绕组中感应出漏磁电势 $\dot{E}_{\sigma1}$，因此有

$$\dot{U}_1 = -\dot{E}_1 - \dot{E}_{\sigma1} + \dot{I}_0 r_1$$

而 $\dot{E}_{\sigma1} = -j\dot{I}_0\omega L_{\sigma1} = -j\dot{I}_0 x_{\sigma1}$，其中 $x_{\sigma1}$ 为一次绕组的漏抗，则有

$$\dot{U}_1 = -\dot{E}_1 + \dot{I}_0 r_1 + j\dot{I}_0 x_{\sigma1} = -\dot{E}_1 + \dot{I}_0 Z_{\sigma1}$$

其中，$Z = r_1 + jx_{\sigma1}$ 为一次绕组漏阻抗。

如果铁芯没有饱和，且忽略铁芯中的损耗，空载电流纯粹为建立主磁场的无功电流，可称为磁化电流，用 $\dot{I}_{0Q}$ 表示，其与 $\dot{\Phi}_m$ 同相；但当考虑铁芯中的损耗时，空载电流中除无功的磁化电流外，还包含一个很小的有功电流（又称铁耗电流），用 $\dot{I}_{0P}$ 表示，此时空载电流 $\dot{I}_0$ 将超前 $\dot{\Phi}_m$ 一个角度 δ（称为铁耗角），所以有 $\dot{I}_0 = \dot{I}_{0Q} + \dot{I}_{0P}$。

由公式 $\dot{U}_1=-\dot{E}_1+\dot{I}_0r_1+j\dot{I}_0x_{\sigma1}$、$\dot{I}_0=\dot{I}_{0Q}+\dot{I}_{0P}$ 及 $\dot{U}_{02}=\dot{E}_2$ 可画出变压器空载时的相量图，如图 2.2 所示。

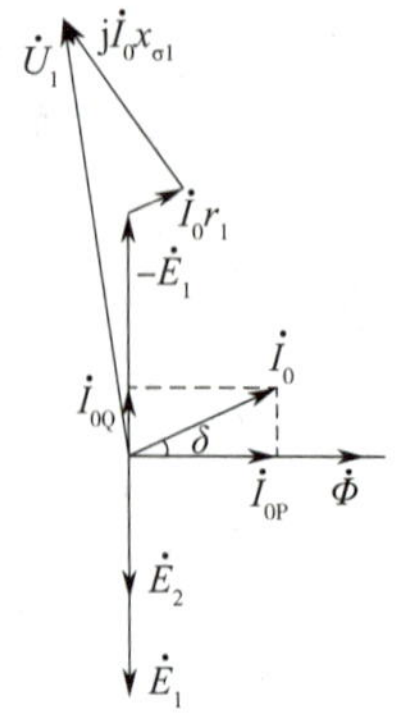

图 2.2　变压器空载相量图

2.2.2　变压器负载运行

2.2.2.1　磁势方程式

当变压器的二次绕组接入负载时，负载电流 $\dot{I}_2$ 在二次绕组中产生磁势 $\dot{I}_2N_2$，根据楞次定律，磁势 $\dot{I}_2N_2$ 作用在铁芯中，力图使主磁通发生改变，如果主磁通改变，则一次绕组电路中的电势平衡就要被破坏，只有一次绕组中的磁势（或电流）相应的增加来抵偿 $\dot{I}_2N_2$ 的去磁作用时，才能保持原来的励磁磁势 $\dot{I}_0N_1$ 和主磁通 Φ 基本上近乎不变，以维持电势的平衡。在负载的情况下，产生主磁通 Φ 的一、二次绕组的合成磁势应与空载时的励磁磁势相等，则一、二次绕组磁势的对立统一关系可用磁势方程式来表示，即

$$\dot{I}_1N_1+\dot{I}_2N_2=\dot{I}_0N_1$$

由此推出

$$\dot{I}_1=\dot{I}_0+(-\dot{I}_2/K)$$

因为 $\dot{I}_0$ 很小，将其忽略不计时，可得

$$\dot{I}_1=-\dot{I}_2/K$$

所以 $I_1/I_2=1/K$。

2.2.2.2　电势方程式

实际上，一、二次绕组之间不可能完全耦合，所以变压器有负载时，一、二次绕组的磁势 $\dot{F}_1$ 和 $\dot{F}_2$ 除在主磁路中共同建立主磁通 Φ 外，磁势 $\dot{F}_1$ 还产生只与一次绕组交链的漏磁通 $\Phi_{\sigma1}$，而磁势 $\dot{F}_2$ 也产生只与二次绕组交链的漏磁通 $\Phi_{\sigma2}$。如图 2.3 所示，它们分别在一、二次绕组中产生漏磁电势 $\dot{E}_{\sigma1}$、$\dot{E}_{\sigma2}$，且 $\dot{E}_{\sigma1}$ 与 $\dot{I}_1$ 成正比，$\dot{E}_{\sigma2}$ 与 $\dot{I}_2$ 成正比，它们都可以用漏抗压降形式表示，即有

$$\dot{E}_{\sigma1}=-j\dot{I}_1x_{\sigma1},\dot{E}_{\sigma2}=-j\dot{I}_2x_{\sigma2}\quad(x=\omega_L)$$

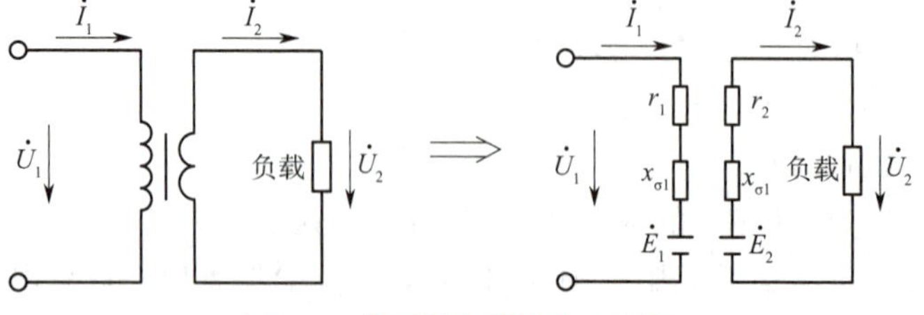

图 2.3　变压器负载转换示意图

根据基尔霍夫第二定律，在负载时变压器一次绕组的电势方程式为

$$\dot{U}=-\dot{E}_1-\dot{E}_{\sigma1}+\dot{I}_1r_1=-\dot{E}_1+\mathrm{j}\dot{I}_1x_{\sigma1}+\dot{I}_1r_1$$
$$=-\dot{E}_1r_1+\dot{I}_1r_1+\mathrm{j}\dot{I}_1x_{\sigma1}=-\dot{E}_1+\dot{I}_1Z_{\sigma1}$$

同理,在负载时变压器二次绕组的端电压为

$$\dot{U}_2=\dot{E}_2+\dot{E}_{\sigma2}-\dot{I}_2r_2=\dot{E}_2-\mathrm{j}\dot{I}_2x_{\sigma2}-\dot{I}_2r_2$$
$$=\dot{E}_2r_2-\dot{I}_2r_2-\mathrm{j}\dot{I}_2x_{\sigma2}=\dot{E}_2-\dot{I}_2Z_{\sigma2}$$

2.2.2.3　负载相量图

根据前面讨论得出的公式 $\dot{I}_1=\dot{I}_0+(-\dot{I}_2/K)=-\dot{E}_1+\dot{I}_1r_1+\mathrm{j}\dot{I}_1x_{\sigma1}$ 及 $\dot{U}_2=\dot{E}_2-\dot{I}_2r_2-\mathrm{j}\dot{I}_2x_{\sigma2}$,可以画出变压器负载时的相量图,如图 2.4 所示。

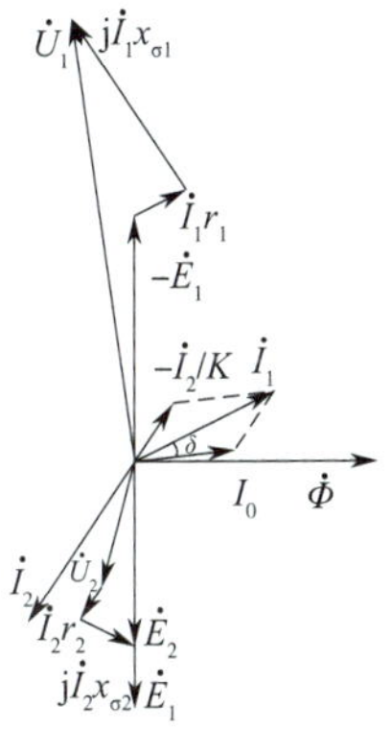

图 2.4　变压器负载相量图

2.2.2.4　变压器负载运行的外特性

当一次绕组电压保持为额定,负载功率因数为常数时,空载与负载时二次绕组端电压变化的相对值称为电压变化率,用 ΔU^*表示。电压变化率是变压器的主要性能指标之一,因为它反映了供电电压的质量,即电压的稳定性。电压变化率大小为

$$\Delta U^*=I_1^*(U_{\mathrm{KP}}^*\cos\varphi_2+U_{\mathrm{KQ}}^*\sin\varphi_2)+I_1^*(x_{\mathrm{K}}^*\cos\varphi_2-r_{\mathrm{K}}^*\sin\varphi_2)/2$$

由上式可得,当 U_1=U_{N1}=常数,负载一定(即 I_2^* 一定)时,电压变化率随功率因数的减小而增大,这在实用中是很重要的曲线,如图 2.5 所示。从图 2.5 可知,在容性负载($\varphi_2<0$)下,二次绕组端电压升高,电压变化率是负值,这和负载外特性分析的结果一致;在阻性负载($\cos\varphi_2=0$)下,电压变化率较小且为正值 1;当 $\cos\varphi_2=0.9(\varphi_2<0)$ 时,ΔU^*=0,说明二次绕组端电压为额定值,这是因为容性负载的加磁作用正好补偿了变压器的内部阻抗压降。

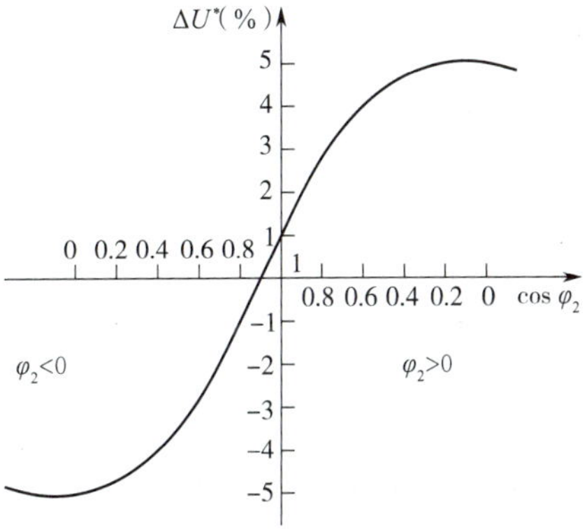

图 2.5　变压器负载运行的外特性曲线

2.2.2.5 变压器的外特性

当 $U_1=U_{N1}$=常数、$\cos\ \varphi_2$=常数时，二次绕组端电压随负载电流变化的规律 $U_2=f(I_2)$，称为变压器的外特性（外特性是指电源电压和负载功率因数为常数时，变压器二次绕组端电压与负载电流的变化关系，即 $U_2=f(I_2)$），如图 2.6 所示。从图 2.6 可知：①变压器在纯电阻负载时，电压变化较小，其外特性曲线稍有下降，也就是说，在纯电阻负载时，随着负载电流的增大，负载端电压下降较小；②变压器在感性负载时，电压变化较大，其外特性曲线下降较快，提高功率因数，可以使变压器的电压调整率（变化率）减小；③变压器在容性负载时，电压变化可能是负值，即随着负载电流的增加，负载端电压反而上升。

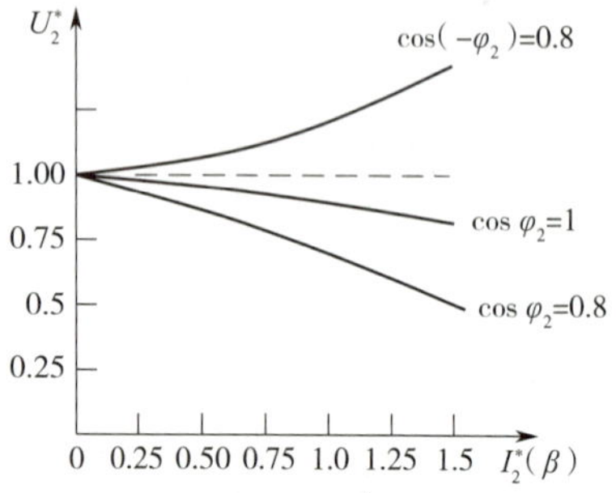

图 2.6 变压器的外特性曲线

2.2.3 变压器负载运行的效率特性

2.2.3.1 效率

输出功率 P_2 与输入功率 P_1 的比就是变压器的效率，用 η 表示，即 $\eta=P_2/P_1$。电力变压器的效率一般在 95%以上，大容量电力变压器的效率可达 99%以上。

$$\eta = P_2 / P_1 = 1-(P_0 + I_2^{*2}P_{kN})/(I_2^{*2}S_N\cos\ \varphi_2 + P_0 + I_2^{*2}P_{kN})$$

在工程计算中，常把电压、电流、阻抗和功率等选定为一个基值（通常以额定值作为基值），各物理量与相应基值的比称为标幺值或相对值，加“*”表示。

2.2.3.2 变压器的效率特性

当 $\cos\varphi_2$=常数时，变压器的效率随负载电流变化的关系，即 $\eta=f(I_2^*)$，称为变压器负载运行的效率特性。也就是当 $\cos\varphi_2$=常数时，变压器的效率和负载系数（$\beta=I_1/I_{N1}=I_2/I_{N2}=I_1^*=I_2^*$）变化的关系，称为变压器负载运行的效率特性，其曲线称为效率曲线，如图 2.7 所示。

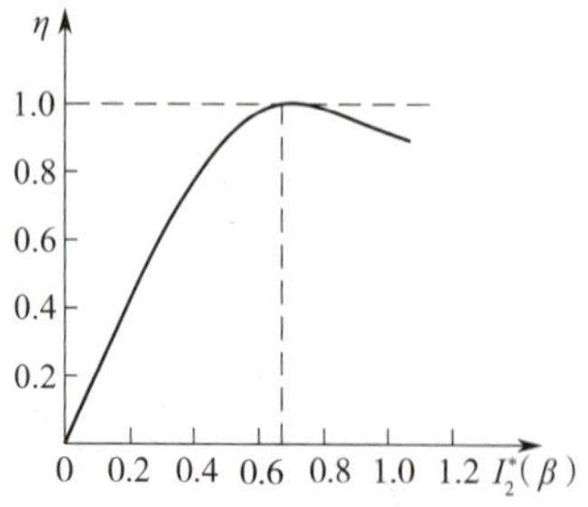

图 2.7 变压器的效率特性曲线

当变压器的铜耗等于铁耗时效率最大，此时变压器的负载为

$$I_2^*(\eta=\eta_{max})=(P_0/P_{kN})^{1/2}$$

由于电力变压器整年接在线路上，总有铁耗，而铜耗却随负载变化，不可能一直在满载下运行，因此铁

耗小些时对全年的能量效率比较有利，一般取 $P_0/P_{kN}\approx1/4\sim1/2$（或 $P_0/P_{kN}\approx1/4\sim1/3$），故最大效率大体产生在 $I_2\approx(0.5\sim0.75)I_{2N}$（即 $\beta=I_2^*\approx0.5\sim0.75$，也有些书中说 $\beta=I_2^*\approx0.5\sim0.6$）时。

任务三 变压器运行时二次绕组电压变化与调压装置

2.3.1 变压器绕组首尾端的符号表示

一次绕组首端用 U_1、V_1、W_1 表示（旧符号为 A、B、C），尾端用 U_2、V_2、W_2 表示（旧符号为 X、Y、Z）；二次绕组首端用 u_1、v_1、w_1 表示（旧符号为 a、b、c），二次绕组尾端用 u_2、v_2、w_2 表示（旧符号为 x、y、z）。

2.3.2 绕组极性（同名端）

由于变压器的一、二次绕组都是被同一主磁通所交链，故当 Φ 交变时，在一、二次绕组中感应出的电势有一定的极性关系，即当一次绕组某一点的瞬间电位为正时，二次绕组也必然有一个电位为正的对应端，这两个对应的同极性的端点就称为同名端（或同极性端），用“•”表示，如图 2.8 所示。同名端的定义可以扩展为某一瞬间一次绕组电流流入端与二次绕组电流流出端是同名端。

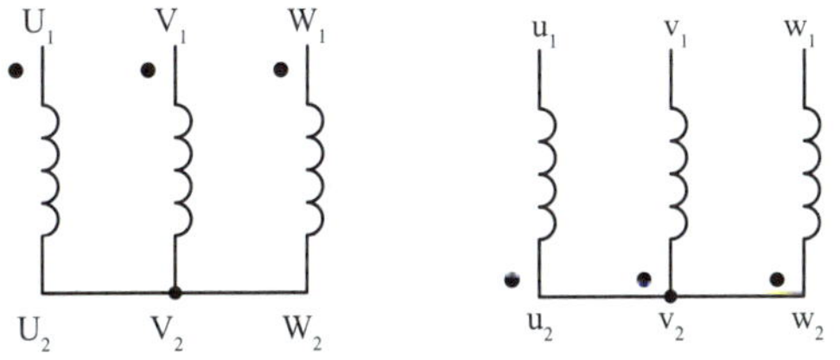

图 2.8 一、二次绕组同名端

2.3.3 变压器的连接组

根据变压器一、二次绕组线电势（或线电压）的相位关系，可把变压器绕组的连接分成各种不同的组合，称为绕组的连接组。或将三相变压器一、二次绕组之间电压及电流的相位关系的各种组合，称变压器的连接组。

在实际应用中，变压器的一、二次绕组都要按一定的方式连接，有星形或三角形连接。一、二次绕组各量之间的相位关系都是 30° 角的倍数。于是，习惯上采用时钟表示法来说明连接组号。时钟表示法规定，将一次高压侧的线电压相量用长针（分针）表示，且让它永远固定在 12 点位置；二次低压侧的线电压相量用短针（时针）表示，短针所指的钟点位置就是这台变压器的连接组号。

我国电力变压器常用的连接组别有三种，即 YN，d11 及 Y，d11 和 Y，Yn0。其中，Y 表示星形连接，d 表示三角形连接，N 表示接地。

2.3.4 影响连接组别的因素

1）首尾端标号改变，如 U_1 改成 U_2。

2）相别改变，如 U_1 改成 W_1，W_1 改成 U_1。

3）连接方式改变，如 Y 改成 D，D 改成 Y。

任务四　变压器的突发短路

变压器过电流保护

电力系统的变压器在运行中可能在二次侧发生各种短路故障，在一、二次绕组中将产生一个的短路电流，该电流的大小与多种因素有关，如短路发生的地点、短路发生瞬间的相位、短路阻抗和短路时的系统运行方式等，并随着电力系统容量和单台变压器容量的增加而增大。由于断路器切断短路电流需要一定的时间，变压器难免要受到短路电流的冲击。一般认为变压器发生短路时短路电流为额定电流的十几至几十倍，这样大的短路电流所产生的电动力和热量将危及变压器的动稳定和热稳定。

在变压器短路过程中，强大的短路电流会使绕组的损耗增加。由于绕组的电阻损耗与电流平方成正比，所以电阻损耗会增加几百倍，同时温度上升很快，即短路时间又很短，可以认为热量没有发散，全部用来使绕组升温。但只要短路电流持续的时间不超过变压器允许的热稳定要求，一般情况下热稳定破坏的可能性很小。

当变压器绕组中通过电流时，由于电流与漏磁场的作用，在绕组上将产生电动力，其大小取决于漏磁场的磁通密度与绕组中电流的乘积，而漏磁场的磁通密度也与电流大小成正比，因此电动力与电流的平方成正比。当变压器正常运行时，作用在导线上的电动力很小。但当变压器发生突然短路时，由于最大短路电流将达到额定电流的几十倍，所以短路时的最大电动力将为额定时的几百甚至上千倍，可能使变压器的绕组等损坏。由于漏磁场的分布规律较复杂，为了分析问题方便起见，可以把这一漏磁场分解为轴向（纵向）漏磁与横向（辐向）漏磁。根据左手定则，轴向漏磁将产生横向力，而横向漏磁将产生轴向力。

任务五　变压器短路损坏的主要形式

从变压器短路损坏统计和分析可以发现，多数变压器的低压绕组损坏较严重。变压器短路损坏的主要形式是绕组失稳变形，并导致其绝缘损坏，造成匝间（饼间）短路，进而使变压器烧毁。

变压器短路电动力的破坏作用，有的表现为绕组压紧件变形损坏，严重时铁芯夹件上钢肢板被顶弯或压钉肢板脱落，压钉弯曲、位移，端部层压纸（木）板崩裂，引线支架断裂损坏等；还有的表现为绕组变形，内绕组被压弯，外绕组被拉松动或拉断，以及线饼在轴向发生变形，线饼之间的油间隙距离变小，垫块发生位移等造成饼（匝）间绝缘击穿等，使变压器烧毁。

另外，绕组变形的累积效应也会导致绕组失稳。变压器在多次短路冲击后，即使没有立即发生绝缘击穿，但绕组也有可能已经产生多次累积变形，这种变形使绕组的机械强度和绝缘强度降低，当再次遭受并不大的过电流或过电压，甚至在正常运行时的铁磁谐振过电压作用下，也有可能导致绝缘击穿。所以，在有些非短路使变压器烧毁的事故中，可能隐藏着绕组累积变形故障的因素。

2.5.1　短路情况下变压器的受力分析

我们知道，处于磁场中的载流导体要承受机械力的作用。因此，当变压器绕组中通过电流时，由于电流与漏磁场的作用，在绕组内将产生电磁机械力，其大小取决于漏磁场的磁通密度与导线电流的乘积，导线每单位长度受力的计算公式为$f = BI$，且力的方向由左手定则确定。当变压器在正常负载下运行时，作用在导线上的力是很小的。但当变压器发生突然短路时，由于最大短路电流为额定电流的25~30倍甚至更大，而短路时产生的绕组间的电磁力又和短路电流的平方成正比（因为单位长度的电磁力$f = BI$，而漏磁密度B又与电流I成正比，故正比于I^2），所以短路时的电磁机械力将为正常运行时的几百倍甚至更大，况且这个力产生得极为迅速，在这样极短的时间内断路器是来不及切断电路的。从而，在巨大的短路电磁力作用下，可能使变压器的绕组等许多构件损坏，因此在设计变压器时必须研究变压器对短路电动力的耐受能力以及对绕组等构件在短路情况下的机械强度进行校验。如前所述，变压器短路时的电磁力是由于漏磁场与电流相互作用而产生的。众所周知,漏磁场的分布规律较复杂,为了处理问题方便起见,常将漏磁场分解为轴向(纵向)漏磁与横向(辐向)漏磁。根据左手定则,轴向漏磁将产生横向力 F_x,而横向漏磁则将产生轴向力 F_y,如图 2.9 所示。下面分别对这两种力及其所产生的应力做进一步分析。

从图 2.9 上可以看出,由于高、低压绕组的电流方向相反,突然短路时作用于两个绕组上的横向力将把两个绕组推开,从而使高压绕组受到张力、低压绕组受到压力。根据物理学定理,电磁力的基本计算公式为

$$F = BIlN$$

式中　B———与导线相垂直的磁通密度(T);

I———导线中的电流(A);

l———导线的长度(m);

N———绕组的匝数。

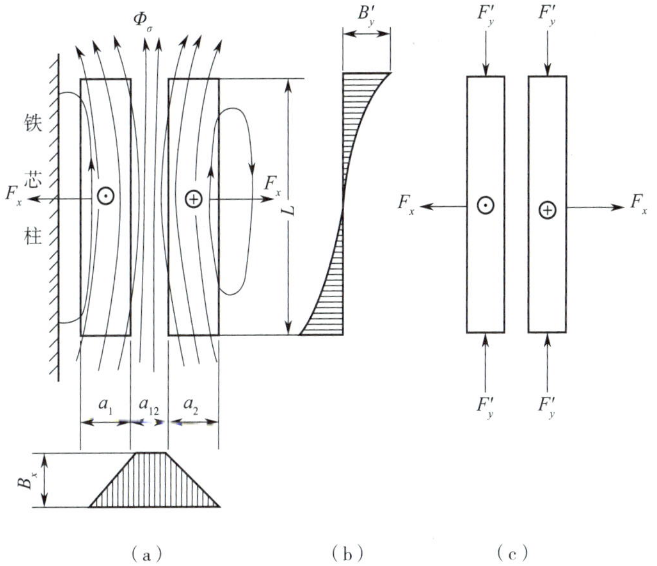

图 2.9　绕组的漏磁与电动力

(a)轴向漏磁分布　(b)横向漏磁分布　(c)横向力与轴向力

横向电磁力应按下式计算:

$$F_x = B_{pj} I_{dmax} l_{pj} N \quad (N)$$

其中　$$B_{pj} = \mu_0 H = \mu_0 \frac{I_{dmax} N}{2H} = 0.4\pi \frac{I_{dmax} N\rho}{2H_k} \times 10^{-6} \quad (T)$$

式中　B_{pj} ——纵向漏磁场的平均密度(T);

ρ——洛氏系数;

H——绕组的实际高度(m);

H_k ——绕组的电抗高度(m);

I_{dmax} ——最大短路电流幅值(即冲击短路电流值 I_{ch},A);

l_{pj}——每匝导线的平均周长(m);

N——一次绕组(或二次绕组)每相的额定匝数,对高压绕组应取分接头在中间位置时的匝数。

因此,横向力 F_x 可改写为

$$F_x = \frac{0.4\pi I_{dmax} N\rho}{2H_K} \cdot I_{dmax} \cdot \pi D_{pj} \cdot N \times 10^{-6}$$

$$= \frac{0.628 \times i_{dmax}^2 \cdot \pi D_{pj} \cdot \rho \cdot N^2}{H_k} \times 10^{-6} \quad (N)$$

由于最大短路电流可近似表示为

$$I_{dmax}=I_{ch}=k_{ch}\sqrt{2}I_d=k_{ch}\frac{1}{Z_{k*}}\cdot\sqrt{2}I_N$$

式中　k_{ch}——冲击系数。

$$F_x=\frac{1.256\times k_{ch}^2\cdot I_N^2\cdot N^2\cdot\pi D_{pj}\cdot\rho}{Z_k^2\cdot H_k}\times10^{-6}\quad(N)$$

当短路阻抗的标幺值 Z_{k*} 用短路阻抗的百分值(%)表示时,有

$$Z_{k*}=\frac{U_k(\%)}{100}$$

这时 F_x 可用下式计算:

$$F_x=1.256\left(\frac{k_{ch}I_N N}{U_k(\%)}\right)^2\frac{\pi D_{pj}\cdot\rho}{H_k}\times10^{-2}\quad(N)$$

$$=\frac{3.94(k_{ch}I_N N)^2D_{pj}\cdot\rho}{U_k^2(\%)H_k}\times10^{-2}\quad(N)$$

在上式所决定的横向力的作用下,高压绕组(外绕组)将受到很大的张力,所以对外绕组应进行抗张应力计算。根据力学原理,在横向力 F_x 的作用下,在绕组内所产生的切向拉力为 $F'=\frac{1}{2\pi}F_x$,如图 2.10 所示。因而,对同心式绕组,由于横向力的作用在导线内所产生的切向拉应力 σ_x 应为

$$\sigma_x=\frac{F'}{N\cdot S}=\frac{F_x}{2\pi\cdot N\cdot A_x}$$

式中　N——绕组匝数;

　　A_x——每匝导线的截面面积。

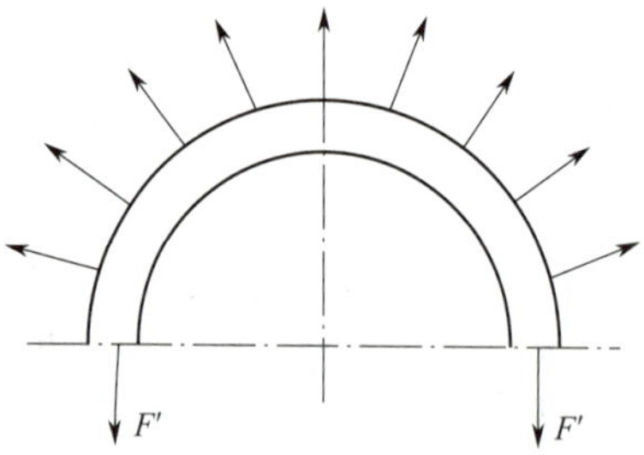

图 2.10　在横向力作用下绕组内所产生的切向拉力

在实际校验导线的强度时,还必须考虑由于轴向力在导线内所产生的弯曲应力 σ_y,最后得出绕组导线的总应力 $\sigma=\sigma_x+\sigma_y$。该总应力应小于导线材料的容许应力,对铝导线 $\sigma\leqslant44.1$ MPa;对铜导线 $\sigma\leqslant156$ MPa。

变压器在短路状况下还存在很大的轴向力。短路轴向力由两部分组成,其中第一部分轴向力的存在基于这样的事实,即流过相同方向电流的两个并排导线之间要产生相互吸引力,因而在绕组中产生轴向压缩力,该力的出现是导线本身所产生漏磁场的结果。每一个绕组的导线都要受到其他绕组所引起的漏磁场作用,由于在绕组顶部和底部引起轴向电磁力的横向漏磁通方向不同,但两个位置处电流的方向却一样,因而在绕组顶部和底部所产生的轴向电磁力方向相反。如果变压器一、二次绕组的安匝完全平衡,那么绕组漏磁场将完全对称,此时若将绕组作为一个整体而考虑其所受总轴向力,上述绕组顶部和底部所产生的方向相反的两个电磁力就互相抵消。如果变压器一、二次绕组的安匝不平衡,则它们的磁场中心之间存在偏差,会导致每半个绕组中所受的轴向力不相等,而轴向力的合成结果将使上述一、二次绕组之间磁场中心偏差有进一步增大的趋势。

在超大型变压器中,设计者应力求在一、二次绕组之间取得安匝平衡,以限制短路轴向力,而且完全可以做到使一、二次绕组之间在总体上达到安匝平衡,但由于某些原因,无法实现一、二次绕组各个部分之间安匝关系的完全平衡。引起上述问题的原因之一是绕组的分接问题。将分接线段作为一个独立绕组,以便

在将分接线段从线路中切除时不会在高压主绕组中留下“间隙”，这种结构在一定程度上有助于维持一、二次绕组之间的安匝平衡。但在独立调压绕组中，如果切除每一个接线匝所产生的“间隙”，即不占据整个绕组高度，就总会引起一定程度的安匝不平衡。绕组轴向力示意如2.11所示。

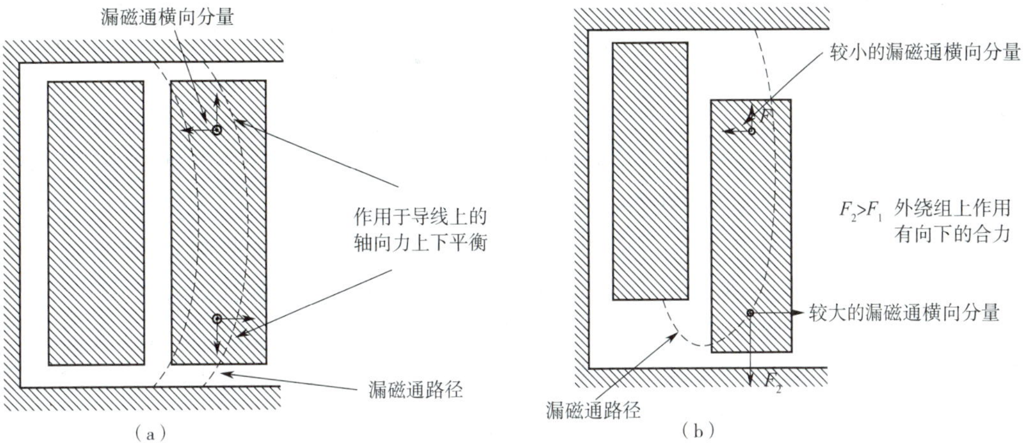

图 2.11　绕组轴向力示意

（a）一、二次绕组之间磁平衡的情况　（b）一、二次绕组之间存在轴向偏移的情况

短路轴向力要由铁芯来承担。铁芯上、下结构件和绕组压板或托板形成承受短路轴向力的主要结构，这些压板或托板位于绕组端部，由层压纸板或层压木板制成，由它们分担短路轴向力。铁芯上、下夹件通过铁芯钢质拉板连接在一起。铁芯钢质拉板具有双重作用：一是承受短路轴向力；二是在使用上夹件起吊变压器器身时，通过拉板就可以使下夹件承受器身的起吊重量。

2.5.2　提高变压器抗短路能力的技术措施

为了确保变压器在短路的允许持续时间内仍能安全、可靠运行，应从设计、制造和运行等方面共同采取措施，提高变压器抗短路能力。

2.5.2.1　改进绕组的设计、结构和工艺，以严格控制短路时的横向力与轴向力

从横向力的作用结果来看，以内绕组损坏较为严重，变压器绕组故障的初始表现形式大多为内绕组出现变形，发生鼓包、扭曲、移位等不可恢复的结果，其发展的典型形式是绝缘损坏，随后出现匝间短路、饼间击穿、主绝缘放电或完全击穿。因此，对内绕组的支撑方式、支撑点的结构数目、绕组导线的应力分析等都必须予以特别注意。实践证明，可以通过增加撑条数目，采用厚一些的纸筒作为绕组骨架，在纸筒与铁芯间填实撑好等措施来提高绕组的横向动稳定性能。

另外，根据运行实践，近年来因轴向力引起的事故呈增加趋势，这是由于如前所述，变压器的轴向力是由于安匝不平衡和上下不对称所产生的横向漏磁场所引起的，当变压器受到轴向力作用时，可使线段和线匝在垂直方向弯曲，压缩线段间的垫块，并部分地传递到铁轭，力求使其离开铁芯柱。通常，最大的弯曲力出现在绕组端部的线段中，而最大的压缩力则出现在绕组高度中心的垫块上，当绕组高度不等（如由于调节分接头所致）或磁势分布不均匀时，轴向力要比横向力更容易引起变压器的事故。

为了减少轴向力的危害，在设计时应尽量调整轴向安匝的不平衡度，使之能控制在合理范围以内。除此之外，应尽可能按动态力计算的原则，考虑弹性、振动等因素，以进行动态力计算；在材料应力计算时，应当掌握材料的力学性能。此外，还应计算出在最大可能的工艺偏差情况下轴向力的大小，并留有足够的裕度。

在轴向各部件的材料中，导线可看成不可压缩的，而油道间隔的垫块和导线的匝绝缘采用的是压缩余量最大的材料。导线匝绝缘与导线在一起，即使有压缩变形也不会移动，所以最易引起轴向变形的是垫块。

由于垫块是由纤维纸板构成的，这是一种可压缩的材料，在压力作用下比较容易变形，而且当压力去除后会留下残余变形，这就意味着丧失弹性势必会引起绕组的松动，无法保证短路时的稳定性。为了提高垫块的弹性系数，应对垫块材料进行密化处理。其目的就是要使绝缘垫块在经压力预处理后，成为符合要求的弹性材料。实践表明，密化处理是控制残余变形的最有效手段。

应当指出，为了保证轴向压紧以减轻轴向力的危害，最重要的是必须有适当的工艺措施，除上述垫块的密化处理外，主要应采用下列工艺措施。

（1）绕组的恒压干燥（通过油压机施加设计要求的实际压力）。绕组轴向尺寸在干燥过程中变化最大，其原因是纸垫块及绕组匝绝缘尺寸受含水量影响很大。例如，在自由状态下干燥纸绝缘，其纤维结构在受热状态下可以自由地伸展，这样的松弛状态必然造成更多的"自由空间"，在之后受压过程中的残余变形就必然增加。如果在干燥过程中使绕组处于压紧状态（最先进的工艺是自动调节到恒压状况），绕组纵向的纸绝缘在受热状态下同时受压变形，从而可使残余变形固定下来，也就可以消除其影响。

（2）绕组的预压紧工艺。绕组应该在干燥后、总装前用油压机按设计要求加压，并在规定的压力下精确测量其轴向尺寸，作为控制各绕组总装配尺寸的依据。由于材质的分散性，绕组轴向尺寸必然有偏差，总装时可通过增减绕组线饼间的垫块加以调整。

（3）总装时的压紧力控制。绕组应在规定的压紧力下做最终的轴向装配。若压力不够，绕组的短路强度就不能得到保证；若压力过大，则会发生把绕组绝缘压坏而引起匝绝缘事故，实践中有过这样的教训。单靠压紧压钉的方式来保证压力是带有盲目性的。应该在总装中采用先进的工艺，采用小型油压千斤顶将绕组压紧，然后依靠压钉将压紧后的尺寸固定下来，当放松油压后，绕组就处于规定的压力下。只有这样才能使轴向压紧力得到可靠的保证。

另外，从结构来看，变压器端部的压板结构对轴向力的影响也很大。之前，在绕组端部都采用钢压板，不仅强度和刚度比较大，力的传递均匀性较好，而且采取了绕组分别压紧的方式。近十多年来，钢压板逐渐被绝缘压板所代替，其优点是可以节省端部绝缘距离，降低附加损耗，然而由于受材料强度与刚度的限制，不能按绕组分别设置，往往一个钢压板会压两个及以上的绕组。以一个钢压板同时压两个绕组为例，由于其受力分配与弹性体的弹性系数和变形量有关，而每个绕组在垂直方向的材料组成情况各不相同，因此组合的弹性系数各不相同，完全依靠压缩量来控制将不能保证压力的正确分配，一旦垫块未经密化处理，则上述的残余变形将成为一个重要的影响因素，绕组也就难以保证正确压紧。运行实践表明，尽管绝缘压板是一种先进的设计，但如果没有先进的工艺做保证，则势必带来质量上的重大隐患，这样的事故例子绝非个别。

2.5.2.2 进一步开展对变压器的突发短路试验

变压器在突发短路时，绕组各部分所受到的电动力的大小不仅与短路发生时刻、系统容量大小、短路地点远近等密切相关，而且是一个复杂的动态过程，变压器各部分耐受短路的能力则与设计、结构、工艺等许多因素有关。如前所述，目前在设计时还难以进行准确的计算。多年来，国内外的运行实践都证明只有变压器在出厂时经受了按 IEC 标准以及国家标准所规定的突发短路试验，并确认其耐受短路能力合格时，其运行可靠性才能得到保证，用户也才可以放心使用。目前，电力部门已有规定，凡有条件进行短路试验的产品，只有该项试验合格，才能接受订货。

通过进行耐受短路能力的试验，可以了解变压器的机械稳定性，并能够针对其薄弱环节加以改进，对结构强度的设计做到心中有数。即使通过试验的变压器，还应尽量减少生产工艺的分散性。除应重视每个绕组的压紧程度外，撑条厚度是否均匀、内外是否保持在一条辐射线上以及导线是否有局部弯曲等现象都会影响其机械强度。在相关事故中还发现，有些变压器绕组的引线及固定引线的支架安装不牢固，即使遭受到不大的短路电流冲击，也会造成变压器的绝缘击穿。

按《电力变压器 第 5 部分：承受短路的能力》（GB/T 1094.5—2008）标准规定，突发短路试验（简称短路试验）为特殊试验，即并不需要每台变压器都做，对相同系列和容量、结构相近的产品只需抽试一台即可。关于进行突发短路试验的许多具体事项（如试验电流、试验时间、短路次数、考核评定标准等），在 IEC 标准以及《电力变压器 第 5 部分：承受短路的能力》中都有详细规定，本书限于篇幅，就不再逐个介绍。

总体来说，由于突发短路试验实际上模拟了对被试变压器可能产生的最严重的短路电动力的冲击，所以凡是能顺利通过该项试验的产品，其耐受短路能力均可认为是合格的；即使在试验中出现损坏，也可以找出原因进行改进。

所有这些试验的结果，直接影响到近年来变压器运行可靠性的提高。但是，今后为了进一步提高大、中型变压器运行的可靠性，制造厂还应与用户一道共同为进一步扩大变压器短路试验的范围而不断努力。

2.5.2.3　使用可靠的器身定位装置，避免在运输中发生位移

通常情况下，变压器的绕组和铁芯是一个刚度较好的整体，如果运输过程中受到冲撞，会造成器身的引线及支架损坏或者铁芯向某个方向发生整体移位，将使局部绕组，特别是匝、层间的绝缘受到不应该的损伤。这种情况已在不少经过冲撞的变压器中得到证实。所以，如果有的变压器确因运输冲撞而导致了绕组损伤，则其投入运行不久，即可能发生突发性事故。其实，造成上述现象的根本原因往往并不单纯是运输冲撞，而应归咎于变压器绕组的机械强度不够，以致不能承受运输过程中的颠簸而发生局部损坏。这是在结构设计中首先应考虑改进的问题，而器身的定位则是防止运输中发生位移的关键。

2.5.2.4　使用可靠的继电保护与自动重合闸系统

电力系统中的短路事故是人们竭力避免而又不能绝对避免的事故，特别是 10 kV 线路因误操作、小动物进入、外力以及用户责任等原因导致短路事故的可能性极大。因此，对于已投入运行的变压器，首先应配备可靠的供保护系统使用的直流电源，并保证保护动作的正确性。结合目前变压器运行中抗外部短路强度较差的情况，对于系统短路跳闸后的自动重合闸或强行投运，应看到其不利的因素，否则有时会加剧变压器的损坏程度，甚至失去重新修复的可能。目前，已有些运行部门根据短路故障是否能瞬时自动消除的概率，对近区架空线或电缆线路取消使用重合闸，或者适当延长合闸间隔时间以减少因重合闸不成而带来的危害，并且应尽量对短路跳闸的变压器进行试验检查，开展绕组变形测试，以及根据测试结果有目的地进行吊罩检查。在变压器运行中应对遭受短路电流冲击的变压器进行记录，并计算短路电流的倍数，以便在有条件的情况下对其绕组的变形情况进行测试和分析，并安排必要的检修，以避免重大事故的发生。

任务六　变压器的损耗

2.6.1　变压器空载损耗

空载损耗是指变压器二次侧开路，一次侧加额定频率与额定电压的正弦波形电压时变压器所吸取的功率。一般只注意额定频率与额定电压，有时对分接电压与电压波形、测量系统的精度、测试仪表与测试设备却不予注意，并对损耗的计算值、标准值、实测值、保证值有所混淆。

如将电压加在变压器一次侧，且有分接时，若变压器是恒磁通调压，所加电压应是相应接电源的分接位置的分接电压；若此变压器是变磁通调压，由于每个分接位置处空载损耗都不相同，必须根据技术条件要求，选取正确的分接位置，施加规定的额定电压，因此在变磁通调压时，一次侧始终加一个电压于各个分接位置。

一般要求施加电压的波形必须为近似正弦波形。所以需要：一是用谐波分析仪测电压波形中所含谐波分量；二是用平均值电压表，但刻度为有效值的电压表测电压，并与有效值电压表读数对比，当两者差别大于 3%时，说明电压波形不是正弦波形，则根据新标准要求测出的空载损耗应是无效的。

对测量系统而言，必须选取合适的测试线路、测试设备与仪表。随着导磁材料的发展，每千克损耗的瓦数大幅度下降，制造厂都选用优质高导磁晶粒取向硅钢片，甚至选用非晶合金作为导磁材料，在结构上发展

了诸如阶梯接缝与全斜无孔，在工艺上采用不叠上铁轭工艺，以发展低损耗变压器，尤其空载损耗也大幅度下降。因此，对测量系统提出新的要求。容量不变，空载损耗下降意味着空载时变压器功率因数下降，功率因数小就要求制造厂改变和改造测量系统。只有用三瓦特表法测量，选用 0.05~0.1 级互感器，选用低功率因数的瓦特表，才能保证测量精度。在功率因数为 0.01 时，互感器的相位差为 1′ 时会引起 2.9%的功率误差。所以，在实际测量时还要正确选择电流互感器与电压互感器的电流比与电压比。当实际电流远小于电流互感器所接的电流时，电流互感器的相位差与电流误差越大，会导致实测结果有较大的误差，所以变压器吸取的电流应接近于电流互感器的额定电流。

另外，在设计中根据规定程序，参照所选用硅钢片的单位损耗与工艺系数计算得到的空载损耗，一般称为计算值。这个值要与标准中规定的标准值或与合同中规定的标准值或保证值对比。计算值必须小于标准值或保证值，不能在计算上吃宽裕度，尤其批量生产的变压器。另外，计算值只对设计员或设计科内有效，没有法律效应，不能用计算值来判断产品的损耗水平。而标准中规定的标准值或合同中规定的保证值具有法律效应。超过标准值加允许偏差（或者称为保证值，保证值等于标准值加允许偏差）的产品即为不合格产品。如有损耗评价制度，一般在合同中会指出，尤其是出口产品，若超过规定损耗值要罚款，空载损耗的罚款最高，欧洲各国的损耗评价值可参见《变压器》杂志 1994 年第 11 期，每千瓦要罚几千美元。这就是法律效应，并与经济效益直接挂钩。

对实测值的概念也要正确理解，不是瓦特表的读数（或称为功率转换器的读数）就是实测值要换算到额定条件，并要有足够的精度。对空载损耗的实测值而言，主要是电源的电压波形要是正弦波形，平均值电压表读数与有效值电压读数之差小于 3%。

综上所述，众所周知的空载损耗如不能正确理解，在设计与制造或测量中有所误解，会引起产品的不合格或根据合同要求被罚款。

2.6.2 变压器负载损耗

负载损耗是指变压器在额定电流下与参考温度下的负载损耗。展开来说，额定电流是指一次侧分接位置必须是主分接，不能是其他分接的额定电流。对参考温度而言，要看变压器的绝缘材料的耐热等级。对油浸式变压器而言，不论是自冷、风冷或强油风冷，都有 A 级绝缘材料，其参考温度是根据传统概念加以规定的，都是 75 ℃。而干式变压器的参考温度要按公式算出，参考温度等于允许温升加 20 ℃，其物理概念是绝缘材料的年平均温度，A 级绝缘材料的参考温度为 60 ℃加 20 ℃等于 80 ℃，它与油浸式变压器（同为 A 级绝缘材料）的参考温度 75 ℃差 5 ℃。干式变压器的 E 级绝缘材料参考温度为 95 ℃，B 级绝缘材料为 100 ℃，F 级绝缘材料为 120 ℃，H 级绝缘材料为 145 ℃，C 级绝缘材料为 170 ℃。负载损耗只是衡量产品损耗水平的一个参数，或者说是考核产品合格与否的一个参数，而不是运行中的实际损耗值。变压器运行中，温度是变量，负载电流也是变量，所以其中负载损耗不是变压器铭牌上标定的负载损耗值，主要是因为运行温度不等于参考温度。

另外，对比产品损耗水平时，尤其干式变压器，一定要在规定参考温度下对比。反过来，如 B 级与 H 级干式变压器有相同的负载损耗，由于参考温度是在温升限值的基础上加以规定的，在实际运行中都是额定负载，实际负载也接近相同。

在温度换算时应注意，电阻损耗与温度成正比，负载损耗中的附加损耗与温度成反比。所以，应将负载损耗分解成两部分后再换算。在温度换算时，对铜导线而言，要增加参考温度后再换算。

低损耗变压器的负载损耗的功率因数较低，所以测量系统与测量设备及仪表的选取要求与以前提到的测量空载损耗的要求相同。负载损耗的计算值、标准值、保证值与实测值的概念也与空载损耗相同。但是，在实际测量中，所加电流不能低于 50%额定电流。这是新标准的要求，否则实测值不能换算，即使换算也无效。负载损耗的评价值比空载损耗要低些，但负载损耗的绝对值大，如超出同样的百分数或同样的测量误差，其绝对值还是大的。

空载损耗与温度基本无关，而负载损耗是温度的函数。

这里还要强调一下，如果产品要进行型式试验，空载损耗是指冲击试验后的实测值，如果硅钢片的漆膜质量不好，冲击试验后空载损耗会增加。测量负载损耗时，绕组温度应接近外围温度，在干燥出炉后不久或注油的油温比室温高时不宜立即测量负载损耗，因为负载损耗是温度的函数。另外，测量负载损耗的时间要短，时间一长，绕组温度会变。用作短接绕组的短路工具要有足够的导电截面，短接大电流绕组时必须用螺栓拧紧，否则短路工具连接不好时会在连接处产生局部过热，这部分热量倒涌入绕组时会影响测量精度。

对有载调压变压器而言，在新标准中还有新的要求，除保证额定电流即主分接位置下的负载损耗外，还要保证最大与最小分接位置的负载损耗。对最大或最小分接位置的负载损耗，应通相应的分接电流。如最小分接位置不能保证满容量而要降容量，应取得用户同意，或向用户说明是按哪个标准或技术条件执行。

附机的损耗不包括在空载损耗与负载损耗中，这种损耗包括风扇电机、潜油泵、有载分接开关操动机构中的电机等的损耗。这种损耗虽不加考核，但应尽量低。如强油风冷却器的风机与泵的损耗一般应在散热功率的 5%以下，即 100 kW 以下。

对多绕组变压器而言，负载损耗的保证值是指具有最大负载损耗的一对绕组在运行或绕组复合运行时的最大负载损耗。复合运行的绕组必须在技术条件上规定，即哪些绕组对哪些绕组供电。

在负载损耗计算时，应正确计算涡流损耗。只要是处于漏磁场中的导线，不论导线中有无工作电流，此导线中都有涡流损耗。如绕组变压器在内、外两绕组运行，中间绕组有涡流损耗；在主分接运行的绕组，对正分接匝数的导线内也有涡流损耗，用作内屏蔽（或称为插入屏蔽）、电容屏蔽的导线，有电位无电流，但有涡流损耗。

大容量变压器应计及横向漏磁引起的涡流损耗，故导线不宜过宽，螺旋式绕组也不宜在均匀间隔内换位，绕组两端的换位间隙应略大些。

任务七　变压器的发热和冷却

2.7.1　变压器的发热和冷却过程

无论是油浸式变压器还是干式变压器，它们在运行的过程中由于有铁耗与铜耗的存在，这些损耗都将转换成热能而向外发散，从而引起变压器不断发热和温度升高。具体而言，铁耗和铜耗所产生的热量将首先使铁芯和绕组的温度逐步升高。最初，温度上升很快，但随着铁芯和绕组温度的升高，它们对周围的冷却介质（如油或空气）就有一定的温度差（又称为温差或温升），这时绕组及铁芯就将一部分热量传到周围的冷却介质中去，从而使周围的冷却介质温度升高。此时，由于绕组及铁芯有一部分热量传给周围的冷却介质，故本身温度上升的速度将逐渐减慢。经过一段时间后，绕组及铁芯温度最终达到稳定状态，而不再升高，这时绕组和铁芯继续产生的热量将全部发散到周围的冷却介质中去，这就称为热平衡状态。上述过程是由“传热学”的规律所决定的。在热稳定状态（热平衡）下，热流体所经过的路径是很复杂的。油浸式变压器一般具有下列几个特点。

（1）绕组及铁芯的损耗所产生的热量，将由绕组及铁芯的内部最热点，依靠传导散热传到绕组及铁芯与油接触的表面，因而表面温度总比内部最热点的温度要低。图 2.12 所示为绕组内部沿厚度方向的温差分布情况。变压器在做绕组的温升试验及计算时，只能得出绕组的平均温升，而绕组的最热点比平均温升一般要高出 10~15 ℃。如前所述，最热点温升对确定变压器的负载能力而言是很重要的数据，目前虽可以利用光纤测温等方法来测量绕组最热点的温度，但因装置费用昂贵，迄今尚未被广泛采用。

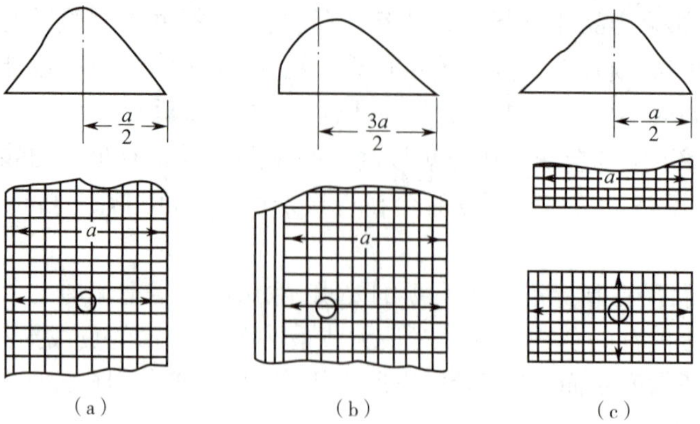

图 2.12　绕组内部沿厚度方向的温差分布（箭头表示热传导方向）

（a）层式绕组两面散热　（b）层式绕组一面散热　（c）饼式绕组四面散热

（2）当绕组及铁芯内部的热量传到表面后，绕组及铁芯表面的温度就会比油的温度要高些，从而将有一部分热量传到绕组及铁芯表面附近的油中，并使油的温度逐渐上升。一般绕组平均温度比油的平均温度要高出 20~30 ℃，也就是说绕组对油的平均温升一般为 20~30 ℃，通常在设计时，根据经验把绕组对油的温升控制为不超过 25 K 较好。

（3）当绕组及铁芯附近的油被加热后，就会自动向上流动，而冷却后的冷油则向下流动，这就是油的对流作用（油的热传导性能很差，主要靠对流），从而使整个变压器油箱中的油温升高。另外，由于热油总向上流动，冷油向下流动，故油箱上部的油总比下部的油温度要高些。通常，上层油温要比平均油温高出 20%左右。图 2.13 所示为油在绕组的油道中的流动方向，图 2.14 所示为在管式油箱中油的对流方向和轴向温升分布情况，图 2.15 为横向温升的分布情况。

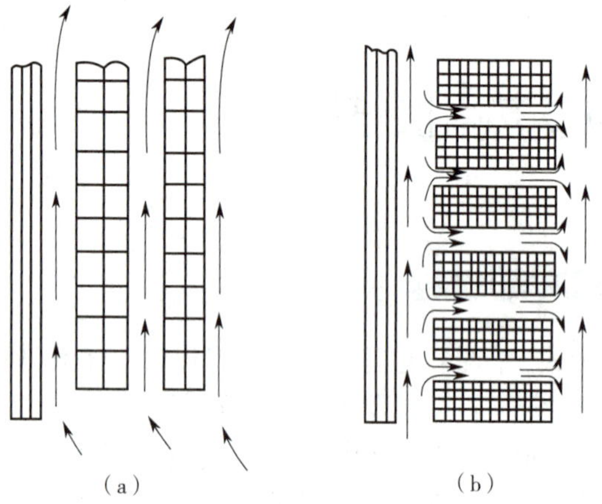

图 2.13　油在绕组的油道中的流动情况

（a）层式绕组　（b）饼式绕组

变压器发热和冷却

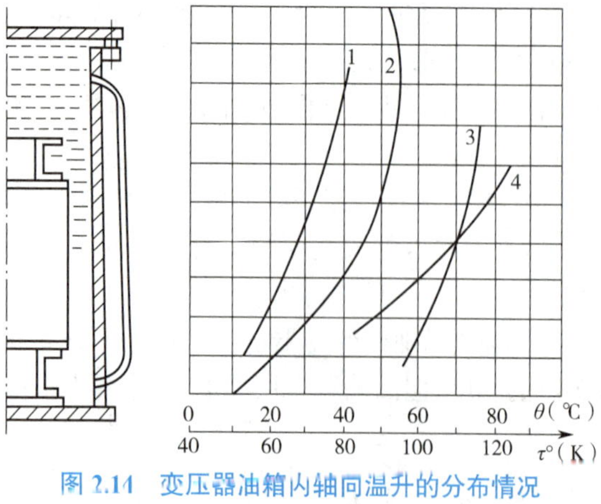

图 2.14　变压器油箱内轴向温升的分布情况

1—油管；2—油；3—铁芯；4—绕组

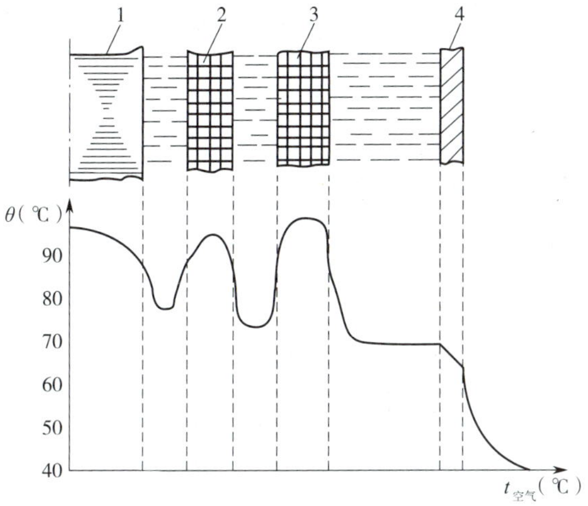

图 2.15　变压器油箱内横向温升的分布情况

1—铁芯;2—低压绕组;3—高压绕组;4—油箱

(4)在绕组和铁芯附近的热油,由于对流作用,在油箱内流动,当热油碰到油箱壁或冷却油管时,就会有一部分热量传给箱壁或管壁,而使油温下降,变成较冷的油,并向下流动。此外,箱壁或管壁受热后温度上升,箱壁或管壁对周围介质(空气)也产生一定温差。当热传导至外表后,借助对流和辐射作用,将热散发到空气中去。

综上所述,变压器的绕组、铁芯处产生的热量散发到变压器外面的空气中要经过许多部位,热流每通过一个部位均要产生温差,而温差的大小与损耗值和介质的物理特性有关。变压器的温升计算,就是计算各部分的温差,其中有绕组对油的温差、铁芯对油的温差、绕组对空气的平均温升、铁芯对空气的平均温升、油对空气的平均温升以及油顶层最高温度与周围空气温度的差值。以上主要分析的油浸式变压器的发热和冷却过程。对干式变压器而言,其发热与冷却过程要简单一些。通常,干式变压器的铁芯与绕组的发热是先传给周围的固体绝缘介质(如环氧树脂),然后再经过介质表面,依靠空气的对流与辐射作用再传给大气。

2.7.2　变压器的散热计算和冷却方式

与其他物体的散热一样,变压器的散热也主要是依靠热传导、对流和辐射实现的,下面简单介绍这几种散热方式的计算方法。

2.7.2.1　热传导计算

根据传热学原理,对于两个平行表面,每个表面的面积为 S,彼此间距离为 δ,若两个表面的恒定温升为 $\tau_1 - \tau_2$,则依靠热传导所传递的热流量 p 为

$$p = S\lambda\frac{\tau_1 - \tau_2}{\delta} = S\lambda\frac{\tau}{\delta} = \frac{\tau}{R} \times 10^3 \quad (\mathrm{W})$$

式中　λ——热传导系数[W/(m·K)];

δ——表面间距(mm);

τ——一个表面对一个表面的温差(K);

S——表面面积(m^2);

R——热阻,$R = \dfrac{\delta}{S\lambda}$,

若以单位面积的热负载 q 来表示,则有

$$q = \frac{p}{S} = \lambda\frac{\tau}{\delta} \quad (\mathrm{W/m^2})$$

应当指出,引入热阻这一概念,可使热传导方程式的计算与欧姆定律相似。另外,如果这两个平行表面

间的介质是由热传导系数不同的多个介质组成，则等效的平均热传导系数 λ 可按下式计算：

$$\lambda = \frac{\delta_1 + \delta_2 + \cdots + \delta_n}{\delta_1/\lambda_1 + \delta_2/\lambda_2 + \cdots + \delta_n/\lambda_n}$$

式中 δ_1、δ_2、…、δ_n——各层介质的厚度；

λ_1、λ_2、…、λ_n——相应各层的热传导系数。

从表 2.1 可见，铜、铝、铁等金属材料的热传导系数大，而油、纸、环氧树脂等的热传导系数较金属材料要小，热传导系数最小的是空气，仅为油的 1/10 左右。

表 2.1 多种材料的热传导系数

材料	λ[W/(m·K)]	材料	λ[W/(m·K)]	材料	λ[W/(m·K)]
层压纸板	0.175	油浸绝缘纸	0.15~0.17	普通钢板	41~48
电瓷	1.0~1.63	变压器油	0.1~0.15	硅钢片	19~20
玻璃	0.6~0.75	空气(50~100 ℃)	0.022	环氧树脂	0.2~0.3
云母	0.08~0.3	电解铜	385		
硬橡皮	0.12~0.14	电解铝	218		

对干式变压器而言，由于在导线外部有包封绝缘层，所以绕组的热流量经包封绝缘层的热传导过程对整个温升计算具有相当程度的影响，这是包封式干式变压器散热计算的特点之一。

2.7.2.2 对流散热计算

无论是油浸式变压器还是干式变压器与气体绝缘变压器，对流散热都是一种最主要的散热方式。单位面积依靠自然对流形式散出的热量与冷却介质的性质、冷却表面的温度及形状和位置等有关。若采用液体作为冷却介质，则冷却效率与液体的密度、热容量、对流散热系数和黏度等有关。若采用空气作为冷却介质，则冷却效率与空气的密度和海拔高度有关。

通常，对于油浸式变压器而言，当流体为空气时，自然对流的单位表面积的散热量与温升的关系有下列经验公式可供参考：

$$Q_k = 2.5Q_1^{1.25} \quad (\mathrm{W/m^2})$$

式中 Q_k——单位表面积的自然对流散热量($\mathrm{W/m^2}$)；

Q_1——温升(K)。

另外，在对流散热方面，油的冷却效率较空气高很多，例如当温升为 5 K 时，油的对流散热系数为 65 W/(m²·℃)，而空气为 3.74(W/m²·℃)。油因对流散热在单位面积上所散出的热量可用下列经验公式计算；

$$Q_k = 38Q_1^{1.25} \quad (\mathrm{W/m^2})$$

2.7.2.3 辐射散热计算

热量总是从发热体以波的形式辐射到温度较低的周围介质中去，辐射出的能量大小与发热体本身温度高低、形状和其表面颜色等有关。

在变压器油箱内部，绕组和铁芯辐射到油中的热量与对流散热相比可忽略不计，但从油箱壁传到空气中的热量则必须考虑辐射散出的热量。

根据试验及辐射定律，通过辐射从箱壁散入空气中的热量与辐射体温度及周围物体(或空气)温度间的关系为

$$q_\lambda = C\frac{(T_1/100)^4 - (T_1/100)^4}{T_1 - T_2} \quad (\mathrm{W/m^2})$$

式中 q_λ——温差为 1 ℃时，由辐射体单位表面辐射出的热量；

T_1、T_2——辐射体及空气或周围物体的绝对温度（K），即 $T_1=273+t_1$，$T_2=273+t_2$；

C——常数，与辐射体的表面情况有关，对变压器油箱可采用 $C=5$ W/（m²·K）。

上式在很大温度范围内都是适用的。

2.7.3　油浸式变压器的冷却方式

油浸式变压器有多种冷却方式，选择何种冷却方式与变压器的容量有关。冷却方式均应标注在变压器的铭牌上。油浸式变压器冷却方式的标注方法见表 2.2。随着变压器负载的变化，同一变压器可以采用两种不同的冷却方式，例如在 60%以上额定负载时采用油浸风冷式（ONAF），而在 60%以下额定负载时采用油浸自冷式（ONAN）。在变压器铭牌上应分别标注 ONAF 或 ONAN，以及两种不同冷却方式时各自的额定容量。

表 2.2　油浸式变压器冷却方式的标注方法

冷却方式	标注方法	标注字母及意义			
		变压器内部绕组和铁芯冷却方式		变压器外部冷却装置冷却方式	
		第 1 字母（冷却介质）	第 2 字母（循环方式）	第 3 字母（冷却介质）	第 4 字母（循环方式）
油浸自冷	ONAN	油	热虹吸自然循环	空气	自然对流循环
油浸风冷	ONAF	油	热虹吸自然循环	空气	风扇吹风强迫空气循环
强油风冷	OFAF	油	油泵强迫油循环	空气	风扇吹风强迫空气循环
强油水冷	OFWF	油	油泵强迫油循环	水	水泵强迫冷却水循环
强油导向风冷	ODAF	油	油泵强迫油按导向结构进入绕组内部循环	空气	风扇吹风强迫空气循环

干式变压器只有两种冷却方式，即自然冷却与强制风冷。其中，强制风冷用在容量较大的情况下，强制风冷装置所用的冷却风机一般装在干式变压器器身的下部。当变压器具有强制风冷装置时，其容量可较自然冷却状态时增大 40%左右。按照新的 IEC 标准的规定，所有干式变压器的额定容量均为其自然冷却状态时的容量。

2.7.4　温升标准

2.7.4.1　油浸式变压器的温升标准

根据《电力变压器 第 2 部分：液浸式变压器的温升》（GB/T 1094.2—2013）的规定，油浸式变压器的温升限值见表 2.3。

表 2.3　油浸式变压器的温升限值

变压器的部位		温升限值（K）	测量方法
绕组的平均温升		65	电阻法
铁芯本体、变压器油箱及结构件表面		应使相邻绝缘材料不致损失的温度 80	温度计法
油顶层	油不与大气直接接触	60	温度计法
	油与大气直接接触	55	

注：出厂时，若试验地点的海拔高度低于 1 000 m，对变压器的温升限值不予校正；当其超过 1 000 m 时，应按下列规定进行校正：

（1）油浸自冷式变压器，海拔高度每增加 400 m，降低温升限值 1 K；

（2）油浸风冷式变压器，海拔高度每增加 250 m，降低温升限值 1 K。

如前所述，变压器的温升规定值是以寿命为基础的，而变压器的寿命又主要取决于绝缘的老化。绝缘材料在一定温度下使用若干年后，将发生由量变到质变的过程，从而使绝缘材料变质或发脆，不能再起绝缘作用，这种情况称为绝缘老化。

目前，对油浸式变压器在额定负载时寿命，估计约为 20 年，这是按周围冷却介质的计算温度（气温）取为 20 ℃，而变压器最热点温度一般为 95~98 ℃的条件推算出的，这时认为最热点温度与平均温度相差 10~13 ℃。

由于变压器绕组的最热点温度难以测定，故常以平均温升来衡量。其绕组的平均温升限值是按下式计算得来的：

	绕组最热点温度		最热点温度与平均温度差		年平均温度		绕组平均温升限值
	95 ℃	-	10 ℃	-	20 ℃	=	65 K
或	98 ℃	-	13 ℃	-	20 ℃	=	65 K

上述计算绕组的温升限值是以年平均温度 20 ℃为基础，如果在夏天周围气温达 40 ℃时，其绕组最热点温度会远超过 95 ℃甚至可达 115 ℃，但是这样的最高气温持续时间不会太长，因此绕组并不会遭受直接的危险，当然此时绝缘寿命会有所缩短，但可由冬天的低气温或低负荷时绝缘寿命的增加而得以互相补偿。

根据 IEC 标准的规定，对绕组采用导向冷却的强油循环产品，其绕组温升可提高 5 ℃（即为 70 K），这是因为导向冷却的绕组最热点温度与平均温度间的温差较之非导向冷却要小。但是，在《电力变压器 第 2 部分：液浸式变压器的温升》（GB/T 1094.2—2013）却并未对导向冷却变压器的绕组平均温升做出与 IEC 标准相同的规定，仍维持在 65 K，这点值得读者注意。

对变压器油，当温度在 95 ℃以上时，将会显著恶化，所以油顶层温度不宜超过 95 ℃，相应油顶层温升限值可按下式计算：

油顶层最高温度		最高气温		油顶层温升限值
95 ℃	-	40 ℃	=	55 K

但是，对于油不与空气直接接触的全密封变压器，其油顶层的温升限值可提高到 60 K。

通常，设计时在保证绕组对空气温升不超过 65 K 的情况下，根据经验要将绕组对油温升控制在 25 K 左右，而将油对空气温升控制在 40 K 左右。在强油循环时，也可把绕组对油温升控制在 25~30 K，相应油对空气温升则不超过 35 K。当然，这也并非一成不变的，在两者之和不超过 65 K 的前提下是可以调整的。例如，当计算时若绕组对油的温升小于 25 K，则油对空气温升可以略微高于 40 K。但是，根据经验，绕组对油温升小于 25 K 时说明多用了导电材料，而要求油的温升小于 40 K 时就要多用油（如不改变冷却方式，则要加大散热面）或采用强油循环风冷、水冷等方式，以降低油对空气的温升，从而提高绕组对油的温升。由此可见，各部分温升限值的选择还涉及变压器的材料消耗等许多因素。

2.7.4.2 干式变压器的温升标准

根据《电力变压器 第 11 部分：干式变压器》（GB/T 1094.11—2022）的规定，不同等级干式变压器的温升限值见表 2.4。

表 2.4　不同等级干式变压器的温升限值

1	2	3
部位	绝缘系统温度(℃)	最高温升(K)
绕组 (用电阻法测量的温升)	105(A)	60
	120(E)	75
	130(B)	80
	155(F)	100
	180(H)	125
	220(C)	150
铁芯、金属部件和与其相邻的材料		在任何情况下，不会出现使铁芯本身、其他部位或与其相邻的材料受到损害的温度

注：当干式变压器装置在海拔 1 000 m 以上的场所时，其温升标准修正的原则与前述油浸式变压器的修正原则基本相同。

【任务实施】

根据项目任务书和项目完成报告进行任务实施，见表 2.5 和表 2.6。

表 2.5　项目任务书

任务名称	变压器发热与冷却的认识		
小组成员			
指导教师		计划用时	
实施时间		实施地点	
任务内容与目标			
1. 熟悉变压器的发热和冷却过程； 2. 掌握变压器的散热计算和冷却方式； 3. 掌握油浸式变压器的冷却方式。			
考核项目	1. 变压器的散热计算和冷却方式 2. 油浸式变压器的冷却方式		
备注			

表 2.6　项目任务完成报告

任务名称	变压器发热与冷却的认识		
小组成员			
具体分工			
计划用时		实际用时	
备注			
1. 试分析油浸式变压器的温升标准？ 2. 试分析干式变压器的温升标准？			

【任务评价】

根据项目任务综合评价表进行任务评价，见表 2.7。

表 2.7　项目任务综合评价表

任务名称：　　　　　　　　　　　　　　　　　　　　　　　　测评时间：　　年　　月　　日

考核明细		标准分	实训得分								
			小组成员								
			小组自评	小组互评	教师评价	小组自评	小组互评	教师评价	小组自评	小组互评	教师评价
团队60分	小组成员是否能在总体上把握学习目标与进度	10									
	小组成员是否分工明确	10									
	小组成员是否有合作意识	10									
	小组成员是否有创新想(做)法	10									
	小组成员是否如实填写任务完成报告	10									
	小组成员是否存在问题和具有解决问题的方案	10									
个人40分	个人是否服从团队安排	10									
	个人是否完成团队分配任务	10									
	个人是否能与团队成员及时沟通和交流	10									
	个人是否能够认真描述困难、错误和修改的地方	10									
合计		100									

【知识巩固】

1. 简述变压器运行时副边电压变化与调压装置。
2. 简述变压器基本工作原理及运行原理。
3. 简述变压器的损耗。

项目三　电力变压器的结构

以党的二十大精神为引领，锻造“技术硬实力+家国情怀”兼备的电力人才

在党的二十大“科技是第一生产力、人才是第一资源、创新是第一动力”的战略指引下，某国有企业工程师团队以“毫米级精度追求”践行工匠精神，历时3年完成硅钢片叠压工艺革新，通过数千次试验将铁芯空载损耗降低15%，年节约电能超过2亿千瓦时。这一“毫米级精度追求”的实践，不仅生动诠释了“精益求精、持之以恒”的工匠精神，实现了“小工艺推动大节能”的技术突破，更深刻印证了党的二十大精神在能源领域的落地生根。

在全社会弘扬劳动精神、奋斗精神、奉献精神、创造精神、勤俭节约精神，培育时代新风新貌。广大青年要坚定不移听党话、跟党走，怀抱梦想又脚踏实地，敢想敢为又善作善成，立志做有理想、敢担当、能吃苦、肯奋斗的新时代好青年，让青春在全面建设社会主义现代化国家的火热实践中绽放绚丽之花。

知识目标

- 1. 了解电力变压器基本参数。
- 2. 熟悉电力变压器型号及其含义。
- 3. 认知三相电力变压器的结构。
- 4. 掌握铁芯的作用和主要结构形式，绝缘要求和接地方式。
- 5. 掌握电力变压器线圈的类型、结构特点及功能。
- 6. 熟悉电力变压器器身的结构和引线装置方式。
- 7. 掌握电力变压器油箱、套管和保护装置。

能力目标

- 1. 具备电力变压器结构分析与实践应用能力。
- 2. 掌握铁芯接地电阻测量、绕组直流电阻测试等基础检测方法。
- 3. 运用仿真软件模拟变压器短路工况下的热稳定性，提出改进方案。
- 4. 针对套管渗油、铁芯多点接地等典型故障制定排查流程。

素养目标

- 1. 培养职业责任感与可持续发展意识。
- 2. 强化“精益制造”的工匠精神。
- 3. 树立“生命至上”的安全理念，遵守油浸变压器防火防爆操作规程。
- 4. 践行绿色制造理念，探索生物基绝缘材料等环保技术应用。
- 5. 通过国产化技术攻坚案例，增强“核心技术自主可控”的产业报国使命感。

任务一　电力变压器的基本参数

电力变压器的主要技术参数有额定容量、额定电压、额定电流、相数、频率、连接组别、分接范围、温升、冷却方式、重量和尺寸,还有空载电流、空载损耗、短路电压(阻抗电压)、效率和调整、性能数据的允许偏差等。

3.1.1　额定容量

额定容量是指变压器在铭牌规定的条件下,以额定电压、额定电流连续运行时所输送(出)的单相或三相总视在功率。变压器的额定容量是以绕组的额定电压和额定电流的乘积所决定的视在功率来表示的,单位为 kV·A 或 MV·A。

单相:

$$S_N=U_{2N}I_{2N}\times 10^{-3}(\text{kV}\cdot\text{A})$$

其中,U_{2N}、I_{2N} 分别为二次侧额定电压和电流。

三相:

$$S_N=U_{2N}I_{2N}\times 10^{-3}(\text{kV}\cdot\text{A})$$

其中,U_{2N}、I_{2N} 分别为二次侧额定线电压和线电流。

3.1.2　额定电压

额定电压是指变压器长时间运行时,设计条件所规定的电压值。额定电压均以线电压的有效值表示,其大小与所连接的系统电压应相符合。

变压器一次侧的额定电压是指规定的加到一次侧的线电压。变压器二次侧的额定电压是指变压器空载,而一次侧加上额定电压时,二次侧的端电压(线电压)。

3.1.3　额定电流

额定电流是指变压器在额定容量、额定电压下运行时通过的线电流;也指在温升不超过额定温升的条件下,绕组所允许通过的最大线电流的有效值。

3.1.4　连接组别

我国电力变压器常用的连接组别有以下三种:YN,d11;YN,d11;Y,yn0。

3.1.5　额定温升

额定温升是指变压器绕组或上层油面温度与变压器外围空气温度之差。

3.1.6　冷却方式

变压器的冷却方式有自然油循环冷却(有油浸自冷式和油浸风冷式两种)、强迫油循环冷却(有水冷和风冷两种)、强迫油循环导向冷却。

任务二　变压器型号及其含义

3.2.1　变压器型号

变压器型号的表示方法为

□□□□□□□□□-□/□□

第一个□用字母表示，代表绕组耦合方式；

第二个□用字母表示，代表相数；

第三个□用字母表示，代表冷却方式；

第四个□用字母表示，代表循环方式；

第五个□用字母表示，代表绕组数；

第六个□用字母表示，代表绕组材料；

第七个□用字母表示，代表调压方式；

第八个□用数字表示，代表设计序号，半铜半铝加 b；

第九个□用数字表示，代表额定容量（kV·A）；

第十个□用数字表示，代表高压绕组额定电压（kV）；

第十一个□用字母表示，代表防护代号（一般不标，TH 代表湿热，TA 代表干热）。

3.2.2　变压器型号含义

变压器型号含义见表 3.1。

表 3.1　变压器型号含义

分类	类别	代表符号		分类	类别	代表符号	
		新型号	旧型号			新型号	旧型号
绕组耦合方式	自耦	O	O	循环方式	强迫油循环	P	P
相数	单相	D	D		强迫油导向循环	D	不表示
	三相	S	S	绕组数	双绕组	不表示	不表示
冷却方式	风冷式	F	F		三绕组	S	S
	水冷式	W	S		分裂	F	F
	空气自冷式	不表示	不表示		铜	不表示	不表示
	油浸式	不表示	J	绕组材料	铝	不表示	L
	干式	G	K		无励磁调压	不表示	不表示
	干式浇注绝缘	C	C	调压方式	有载调压	Z	Z
循环方式	油自然循环	不表示	不表示				

例如：

（1）三相油浸自冷式双绕组铝线 500 kV · A，10 kV 电力变压器，新型号为 S-500/10，旧型号为 SJL-500/10；

（2）三相油浸风冷式三绕组铝线 8 000 kV · A，35 kV 电力变压器，新型号为 SFS-8000/35，旧型号为 SJFSL-8000/35；

（3）三相油浸双绕组有载调压强迫油循环水冷却 31 500 kV · A，110 kV 电力变压器，新型号为 SWPZ-31 500/110，旧型号为 SJSFL-31500/110；

（4）三相油浸三绕组自耦强迫油循环导向风冷却 180 000 kV · A，220 kV 电力变压器，新型号为 OSFPDS-180000/220，旧型号为 OSFPS-180000/220。

任务三　三相电力变压器的结构概述

对于已经生产过的容量从几千伏安到最大容量的电力变压器，其结构都是按照相同的电工原理设计的。随着变压器容量的增大，其结构的复杂程度也随之增加。根据变压器结构的不同，许多制造厂将其分成配电变压器和大型变压器。严格来说，关于这两类变压器的定义，不同制造厂之间存在很大区别。一般来说，配电变压器和大型变压器的分类原则取决于变压器主要部件的重量和在工厂制造过程中所需要的起吊设备的形式及大小。对于容量在 1 MV·A 和 2 MV·A 以下的配电变压器，制造厂经常使用滚轮输送机和轨道吊梁进行其主要部件的搬运。而大型变压器则需要很大的起吊设备，如大型桥式起重机等。生产最大容量变压器的制造厂还有可能进一步把其产品分成中等容量变压器和大型变压器两种。最大容量变压器的制造需要非常大的起吊设备，包括吊梁和吊钩在内的 400 t 桥式起重机是常见设备。除制造最大容量变压器外，通常都要严格限制这些大型起吊设备的使用。所以，中等变压器制造厂所具有的起吊能力可能仅达到 30 t。

这些根据结构对变压器进行的分类与设计部门的分类通常是一致的。所以，不同制造厂的设计范围经常也限定在其所能制造的变压器范围内。

本章对变压器设计方法和结构的描述，主要是对最成熟的“设计现状”的描述。但这并不排除在某些情况下，如配电变压器，可以采用某些更为简单的设计结构。以油浸式变压器为例，其典型结构组成如图 3.1 所示。

- 油浸式变压器
  - 器身
    - 铁芯
    - 绕组
    - 绝缘、引线
  - 油箱
    - 油箱本体（箱盖、箱壁和箱底或上下节油箱）
    - 油箱附件（放油阀门、活门、小车、油样活门、接地螺栓、铭牌等）
  - 调压装置——无励磁分接开关或有载分接开关
  - 冷却装置——散热器或冷却器
  - 保护装置
    - 安全保护（压力释放阀、气体继电器、活门）
    - 油保护（储油柜、油位计、在线滤油）
    - 油温测量（水银、信号、线圈温度计等）
  - 出线装置——高中低压套管、电缆出线等

图 3.1　油浸式变压器结构组成

任务四　铁芯

普通变压器的铁芯由硅钢片叠成，卷铁芯变压器的铁芯由硅钢带绕制而成。变压器的作用：一是在一次线圈交流电流的作用下形成工频交变磁通；二是通过铁芯中的交变磁通感生出二次线圈中的电动势，形成低压电源。铁芯是完成电能—磁能—电能转换的主体。

3.4.1 铁芯的作用和形式

3.4.1.1 铁芯的作用

变压器是根据电磁感应原理制成的，磁路是电能转换的媒介。铁芯就是变压器的磁路部分，其主要作用是导磁，由磁导率很高的电工钢片（硅钢片）制成。铁芯把一次电路的电能转变为磁能，又由自己的磁能转变为二次电路的电能。

另外，铁芯是变压器的内部骨架，铁芯的夹紧装置不仅使磁导体成为一个机械上完整的结构，而且在其上面套有带绝缘的线圈，支持引线，并安装变压器内部的几乎所有部件。铁芯的重量在变压器各部件中占比最大，在干式变压器中，铁芯重量占总重量的 60%左右；在油浸式变压器中，由于存在变压器油和油箱，铁芯重量的比例稍有下降，占 40%左右。

3.4.1.2 铁芯的形式

变压器的铁芯（即磁导体）是框形闭合结构，其中套线圈的部分称为心柱，而不套线圈、只起闭合磁路作用的部分称为铁轭。铁芯有两大基本结构，即壳式和心式。

（1）壳式铁芯一般是水平放置的，铁芯的截面是矩形，每柱有两旁轭，铁芯包围线圈，所以称为壳式铁芯，如图 3.2 所示。这种铁芯的硅钢片规格少，铁芯坚固方便，漏磁通有闭合回路，附加损耗小，耐受冲击电压水平高；但与其匹配的矩形线圈制造困难，短路时线圈易变形，硅钢片用量多。

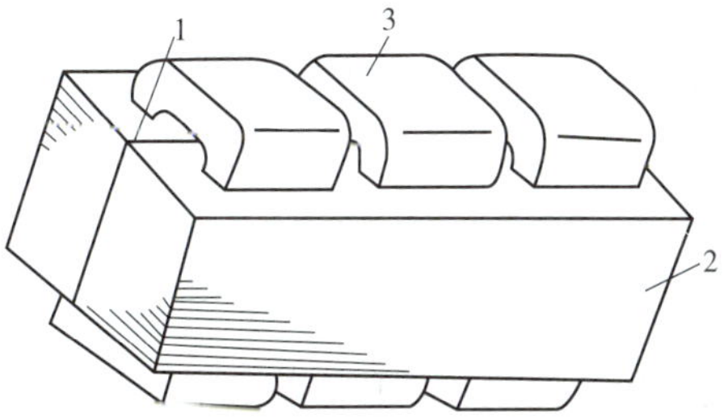

图 3.2　壳式铁芯

1—铁芯柱；2—铁轭；3—绕组

（2）心式铁芯一般是垂直放置的，铁芯截面为分级圆柱形，线圈包围心柱，所以称为心式铁芯。这种铁芯的硅钢片规格较多，绑扎和夹紧要求较高；但与其匹配的圆筒形线圈制造方便，短路时稳定性好。一般来说，铁芯是由剪切后的硅钢片叠装而成，称为叠铁芯结构。由于出现了成卷硅钢片，为了充分利用磁性的取向性能，而产生了硅钢片卷绕而成的卷铁芯结构。卷铁芯虽然具有导磁性能和空载性能好等优点，但其线圈需要用专用设备绕制，故不可能做得太大，只适用于小型变压器、互感器和调压器。我国目前生产和使用的绝大多数铁芯是心式叠铁芯。部分常见叠铁芯和卷铁芯见表 3.2。

表 3.2　部分常见叠铁芯和卷铁芯

形式	图形	结构特征	适用范围
单相两柱式叠铁芯		心柱与铁轭在同一垂直平面内，以交叠方式叠积，两柱均套绕组，以串、并联接线引出；结构简单而紧凑，工艺装备少，但叠积工作量大；它是目前被广泛应用的基本结构	适用于单相的各种变压器和互感器

续表

形式	图形	结构特征	适用范围
三相三柱式叠铁芯		结构上比单相两柱式叠铁芯多了一个心柱，三柱绕组各自为一相引出；它是三相变压器的典型结构	适用于三相的各种变压器
单相单柱旁轭式叠铁芯		中间为心柱，两边为旁轭，轭的截面为心柱截面的一半，也称中柱式铁芯，附加损耗小；它实际上类似单相壳式结构	适用于高压大型变压器、高压试验变压器等
三相三柱旁轭式叠铁芯（五柱铁芯）	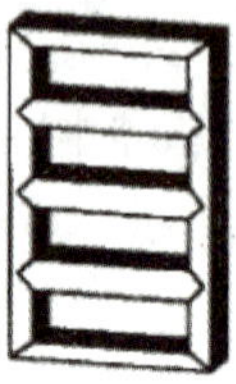	中间为三个心柱，两边旁轭截面为心柱截面的$\frac{1}{2}\sim\frac{1}{\sqrt{3}}$，常用于大容量三相变压器中；另外，三相三绕组电压互感器等必须有旁轭，以作为零序磁通回路等；高度较低，可降低运输高度	适用于三相大容量变压器、三相三绕组电压互感器等
单相环形卷铁芯	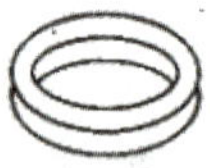	用带料电工钢片连续卷成，磁通符合轧制方向，导磁性能好，但绕组必须用专用设备在其上直接绕制；它是卷铁芯最简单的结构	适用于电流互感器、接触式调压器
单相两柱式卷铁芯		用不同宽度的电工钢带连续卷成阶梯形截面的两柱式铁芯，绕组必须用专用设备绕制，所以常把这种铁芯切成两半，形成单相 C 型卷铁芯或设计成上铁轭可打开的结构，以便于套装绕组	适用于小型单相变压器和互感器

3.4.2 铁芯的截面

变压器铁芯截面可分为心柱截面和铁轭截面。心柱截面形状与线圈截面形状是互相适应的，在选定心柱截面时，应遵守以下三个原则：

（1）心柱填充系数（利用系数）要高，也就是心柱的几何截面与其外接圆面积之比要大；

（2）铁芯加工和装配容易；

（3）在心柱夹紧时，要防止局部变形而超差。

常用心柱截面形状的特征和适用范围见表 3.3。

表 3.3 常用心柱截面形状的特征和适用范围

种类	形状	图形	特征	适用范围
1	矩形截面	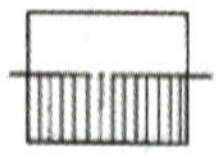	铁芯片种类少，宽度只有一种尺寸，剪切、叠积和装配均很简单，填充系数可近于 100%；但需配以矩形线圈，因而国内很少采用	适用于矩形线圈的各种变压器
2	多级圆形截面	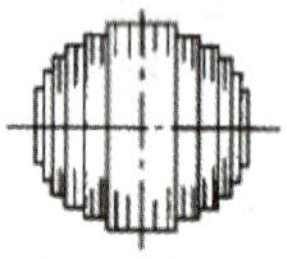	目前采用最广泛的心柱截面形状，级数越多，截面越接近于圆形，填充系数大，理论上可近于 100%；但级数增多，铁芯片的规格增多，加工、叠积困难	广泛用于各种变压器
3	多级椭圆形截面	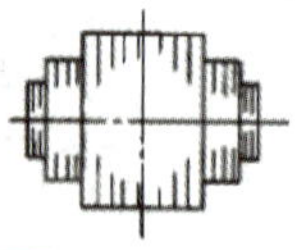	属于多级圆形截面的变种，铁芯宽度比厚度小，缩小了心柱的中心距，从而可降低铁轭的高度，减小铁芯重量和尺寸	可用于小型变压器

铁轭截面形状可以自由些，但要易于装配和便于引线，且应大于或等于心柱截面。现在采用的斜接缝铁芯，铁轭截面往往与心柱截面形状相同，或者是级数与级宽相同，这是由叠积要求所决定的。常用铁轭截面形状的特征和适用范围见表 3.4。

表 3.4　常用铁轭截面形状的特征和适用范围

种类	形状	图形	截面特征	适用范围
1	矩形截面		心柱截面为矩形，铁轭截面也为矩形；当心柱为其他截面时，铁轭截面也可以为矩形，但为了减小心柱与铁轭的磁通分布的不均匀性，矩形铁轭截面要放大 10%以上	适用于心柱截面为矩形的变压器或其他小型变压器
2	倒多级 T 形截面、倒 T 形截面	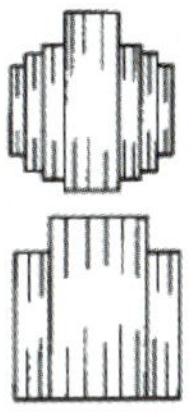	倒多级 T 形截面用于斜接缝铁芯，与心柱截面相同，既降低了框内沿磁通密度，又缩短了心柱小级的片长，节省材料；倒 T 形截面只用于直接缝铁芯，铁轭片种类少，但要比心柱截面放大 5%~10%	倒多级 T 形截面可用于斜接缝的中小型变压器，倒 T 形截面多用于以前的中小型变压器
3	正多级 T 形截面、正 T 形截面	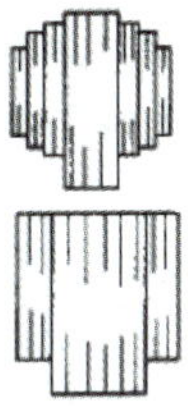	使用情况同上；但是可利用小级处的较大空间引出内线圈的引线；缺点是心柱各小级的片长增加，浪费材料	分别用于直、斜接缝的高电压、大容量变压器
4	多级圆形截面	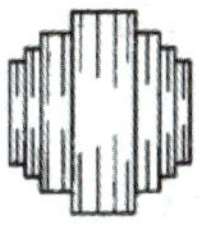	铁轭截面与心柱截面完全相同，磁通分布均匀，在采用冷轧电工钢片时应该选用，这是现代变压器的主要铁轭截面形状	广泛用于现代的各种变压器
5	多级椭圆形截面		与多级椭圆形心柱截面相配合的一种铁轭截面；另外在有旁轭的铁芯中，铁轭的截面必须小于心柱的截面，当各级相对应时，一定做成多级椭圆形截面	用于心柱截面为多级椭圆形和旁轭式铁芯的变压器

3.4.3 铁芯的绝缘

铁芯的绝缘与变压器其他绝缘一样，占有重要的地位。若铁芯绝缘不良，将影响变压器的安全运行。铁芯的绝缘有两种：铁芯片间的绝缘；铁芯片与结构件间的绝缘。

3.4.3.1 铁芯片间的绝缘

铁芯片间的绝缘是把心柱和铁轭的截面分成许多细条形的小截面，使磁通垂直通过这些小截面时感应出的涡流很小，产生的涡流损耗也很小。铁芯片间无绝缘时，磁通垂直通过的截面很大，感应出的涡流就大。

截面厚度增加 1 倍，涡流损耗将增大 4 倍；铁芯片间绝缘过小时，片间电导率增大，穿过片间绝缘的泄漏电流增大，将增加附加的介质损耗；铁芯片间绝缘过大时，铁芯就不能认为是等电位的，必须把各片均连接起来接地，否则片间将出现放电现象，这是不方便且不可取的。现在铁芯用绝缘纸条作为油道时，就需要把油道两侧的铁芯片连接起来，然后由一个接地铜片引出。

因此，铁芯片间要有一定的绝缘，在标准测量方法情况下的绝缘电阻一般在 60~105 Ω · cm^2。现在采用的冷轧取向电工钢片的表面具有 0.015~0.02 mm 厚的无机磷化膜，可以满足这一要求，其他电工钢片则需要涂漆，检修时也需要涂漆，大型铁芯有时要涂两遍漆。

3.4.3.2 铁芯片与结构件间的绝缘

铁芯片与其夹紧结构件的绝缘是为了防止铁芯片与结构件短接和短路。铁芯片间短接总是不允许的，但是结构件间形成短路的回路顺着磁通方向而不通过磁通或者通过磁通很小，则影响不大。铁芯片与所有夹紧结构件间是必须绝缘的。

因此，铁芯片与结构件间的绝缘，首先是铁轭螺杆的绝缘不可损伤，否则有可能形成短路匝；其次是旁螺杆、侧梁、上梁和垫脚的绝缘也应良好，否则必然产生短接铁芯片的现象；至于夹紧结构件绝缘是为了形成油道，避免铁轭磁通流入夹件而设置，但是铁芯是一点接地的，有了夹件绝缘而又绝缘不良时，相当于又有了接地点，这样铁轭通过两个及以上接地点而短接，所以夹件绝缘也不可忽视。今后的铁芯将不再采用铁轭螺杆，但目前正在运行中的大中型变压器还具有铁轭螺杆，维护和检修时必须注意。整个铁芯是地电位的，所以其间的绝缘非常简单，用 2~6 mm 厚的纸板或纸管即可实现（由机械强度决定）。因此，铁芯绝缘是简单的，又是重要的，如图 3.3 所示。

图 3.3 铁芯绝缘

3.4.4 铁芯的接地

首先，铁芯必须接地。铁芯及其金属结构件在线圈的电场作用下具有不同的电位，且又与油箱电位不同。虽然它们之间电位差不大，但也将通过很小的绝缘距离而断续放电。放电一方面使油分解，另一方面无法确认变压器在试验和运行中的状态是否正常。因此，铁芯及其金属结构件必须经过油箱而接地（如果有心柱和铁轭螺杆，则由于电容的耦合作用，它们与铁芯电位一样，而不需接地），且要确保电气接通。

其次，铁芯必须是一点接地。铁芯中有磁通的，当有多余接地点时，相当于通过接地片而短接铁芯片，短接回路中有感应环流。接地点越多，环流回路越多，环流越大（与多余接地点的位置有关），各环流回路均通过接地片。但是，即使只有这样一个环流回路，电流也可能由接近于零上升到十几安。这样，铁芯可能产生局部过热，接地片可能烧坏而产生放电，对大型变压器安全运行极为不利，因此铁芯必须一点接地。所谓一点接地，只是对其磁导体而言，其夹件不受此限。铁芯片与夹紧件要绝缘的另一个原因，就是确保铁芯一点接地。

任务五　线圈

变压器瓦斯保护

线圈是变压器输入和输出电能的电气回路，是变压器的基本部件，也是变压器检修的主要部件。线圈是由铜、铝的圆、扁导线绕制，再配置各种绝缘件组成的，一般用绝缘扁铜线或圆铜线在绕线模上绕制而成，且包含一、二次（高压、低压）两组。其中，一次线圈是将原边电能引进变压器中，一部分完成励磁过程，另一部分填补二次线圈中的电能；二次线圈是将磁能转换成电能并传送出去。线圈通常是依照一定的电气回路连接方法（D 角接或 Y 星接）连接的。

线圈必须具有足够的电气强度、耐热强度和机械强度，以保证制造或修理后的变压器能可靠运行。

线圈形式主要是根据线圈电压等级和容量的大小来选择，根据线圈的匝数、尺寸、截面形状、并联导线根数来确定。当然，也必须考虑线圈的电气强度、机械强度、散热面积以及制造工艺的可靠性。变压器的线圈大致可分为层式和饼式两种。线圈的线匝沿其轴向按层依次排列的称为层式线圈；线圈的线匝在横向形成线饼（线段）后，再沿轴向排列的称为饼式线圈。变压器的线圈形式细分如图 3.4 所示。

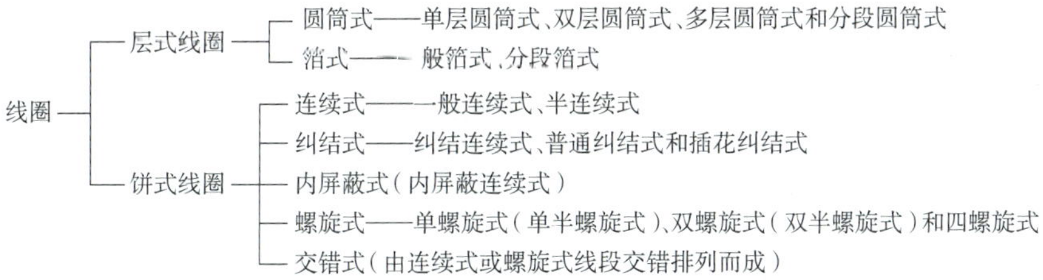

图 3.4　变压器的线圈形式细分

任务六　器身和引线

绝缘体包括初次级绝缘、匝间绝缘和与铁芯绝缘以及与外壳间绝缘。所用材料有纸板、环氧树脂、各种绝缘材料、变压器油、电工木材等。其中，变压器油除具备良好的绝缘作用外，还有帮助变压器散热的作用，用以冷却运行的铁芯和线圈。

分接开关可连接和切断变压器绕组分接头，实现调压，可分为无载分接开关和有载分接开关，无载分接开关必须在切断变压器电源后进行调压。

任务七　油箱套管和保护装置

油箱装有绝缘和冷却用的变压器油，用钢板加工制成，要求机械强度高、变形小、焊接处不渗漏。波纹片结构油箱，既能满足变压器运行散热的要求，又能满足变压器油膨胀收缩的要求，可省去油枕，变压器油与空气良好隔离，可大大降低油的氧化速度，延长使用期限和检修周期，并降低变压器的运行成本。

变压器常用的保护装置有压力释放阀和气体继电器。当变压器内部压力达到一定值时，压力释放阀动作，可排除油箱内的过压；内部压力释放后，压力释放阀自动关闭。气体继电器是变压器重要的保护组件，当变压器内部发生故障，油中产生气体或油气流动时，气体继电器动作，并发出信号或切断电源，以保护变压器；另外，发生故障后，可以通过气体继电器的视窗观察气体颜色以及取气体进行分析，从而对故障的性质做出判断。

【任务实施】

根据项目任务书和项目完成报告进行任务实施，见表 3.5 和表 3.6。

表 3.5　项目任务书

<table>
<tr><td>任务名称</td><td colspan="3">变压器铁芯的认识</td></tr>
<tr><td>小组成员</td><td colspan="3"></td></tr>
<tr><td>指导教师</td><td></td><td>计划用时</td><td></td></tr>
<tr><td>实施时间</td><td></td><td>实施地点</td><td></td></tr>
<tr><td colspan="4">任务内容与目标</td></tr>
<tr><td colspan="4">1. 熟悉铁芯的作用和形式；
2. 掌握铁芯的截面；
3. 掌握铁芯的绝缘和接地。</td></tr>
<tr><td>考核项目</td><td colspan="3">1. 铁芯的作用和形式
2. 铁芯的截面
3. 铁芯的绝缘和接地</td></tr>
<tr><td>备注</td><td colspan="3"></td></tr>
</table>

表 3.6　项目任务完成报告

<table>
<tr><td>任务名称</td><td colspan="3">变压器铁芯的认识</td></tr>
<tr><td>小组成员</td><td></td><td></td><td></td></tr>
<tr><td>具体分工</td><td></td><td></td><td></td></tr>
<tr><td>计划用时</td><td></td><td>实际用时</td><td></td></tr>
<tr><td>备注</td><td colspan="3"></td></tr>
<tr><td colspan="4">1. 试分析铁芯的作用和形式？
2. 试分析铁芯的绝缘和接地？</td></tr>
</table>

【任务评价】

根据项目任务综合评价表进行任务评价，见表 3.7。

表 3.7　项目任务综合评价表

任务名称：　　　　　　　　　　　　　　　　　　测评时间：　　年　　月　　日

<table>
<tr><td colspan="2" rowspan="4">考核明细</td><td rowspan="4">标准分</td><td colspan="9">实训得分</td></tr>
<tr><td colspan="9">小组成员</td></tr>
<tr><td colspan="3"></td><td colspan="3"></td><td colspan="3"></td></tr>
<tr><td>小组自评</td><td>小组互评</td><td>教师评价</td><td>小组自评</td><td>小组互评</td><td>教师评价</td><td>小组自评</td><td>小组互评</td><td>教师评价</td></tr>
<tr><td rowspan="6">团队60分</td><td>小组成员是否能在总体上把握学习目标与进度</td><td>10</td><td></td><td></td><td></td><td></td><td></td><td></td><td></td><td></td><td></td></tr>
<tr><td>小组成员是否分工明确</td><td>10</td><td></td><td></td><td></td><td></td><td></td><td></td><td></td><td></td><td></td></tr>
<tr><td>小组成员是否有合作意识</td><td>10</td><td></td><td></td><td></td><td></td><td></td><td></td><td></td><td></td><td></td></tr>
<tr><td>小组成员是否有创新想（做）法</td><td>10</td><td></td><td></td><td></td><td></td><td></td><td></td><td></td><td></td><td></td></tr>
<tr><td>小组成员是否如实填写任务完成报告</td><td>10</td><td></td><td></td><td></td><td></td><td></td><td></td><td></td><td></td><td></td></tr>
<tr><td>小组成员是否存在问题和具有解决问题的方案</td><td>10</td><td></td><td></td><td></td><td></td><td></td><td></td><td></td><td></td><td></td></tr>
</table>

续表

考核明细		标准分	实训得分								
			小组成员								
			小组自评	小组互评	教师评价	小组自评	小组互评	教师评价	小组自评	小组互评	教师评价
个人40分	个人是否服从团队安排	10									
	个人是否完成团队分配任务	10									
	个人是否能与团队成员及时沟通和交流	10									
	个人是否能够认真描述困难、错误和修改的地方	10									
合计		100									

【知识巩固】

1. 简述电力变压器的基本参数。
2. 简述变压器型号及其含义。
3. 简述变压器的铁芯和线圈。

项目四　变压器的装配工艺与检查

自主突围：特高压技术的“中国逆袭”——以党的二十大精神引领高水平科技自立自强

改革开放初期，我国 500 kV 变压器仍需进口，外国企业以“黑匣子”技术封锁核心工艺。面对挑战，特变电工、西电集团等企业组建产学研攻关团队，从材料、工艺到绝缘设计逐一突破。2018 年，世界首台 ±1 100 kV 特高压直流变压器在安徽合肥投运，输送距离达 3 300 km，相当于跨越欧洲大陆的电力传输能力。这一成就背后，凝聚着工程师们“十年磨一剑”的坚守：为达到 0.01 mm 级铁芯叠片精度，工人需在恒温净化车间身着防尘服连续作业；为验证绝缘性能极端环境可靠性，攻关团队在青藏高原极寒环境下完成超千次冲击试验。

特高压技术的突破正是践行党的二十大“加快实现高水平科技自立自强”战略要求的生动实践。这项承载中国智慧的超级工程，既彰显了“板凳甘坐十年冷”的战略定力，更诠释了“敢为天下先”的创新精神，深刻印证了习近平总书记“科技是第一生产力、人才是第一资源、创新是第一动力”的科学论断。

知识目标

1. 掌握铁芯加工工艺。
2. 掌握线圈绕制工艺。
3. 熟悉器身套装工艺。
4. 掌握引线装配工艺。
5. 熟悉器身干燥和整理。
6. 掌握油箱装配和注油。
7. 掌握附件安装。

能力目标

1. 规范操作能力：能独立完成铁芯叠装、线圈真空浸漆、器身引线焊接等关键工序，误差符合行业标准。
2. 问题诊断与解决能力：通过三维装配仿真预判工艺干涉，快速处理引线松动、密封失效等常见故障。
3. 安全管控能力：制定吊装方案（钢丝绳夹角≤60°），实施防尘防潮措施，确保作业环境与人员安全。

素养目标

1. 工匠精神与质量意识：践行“零缺陷”理念，如在铁芯加工中严格监测叠片波浪度（≤2 mm/m），杜绝因疏忽导致的磁路损耗。
2. 责任意识与团队协作：模拟变压器总装配项目，分工完成器身检查、真空注油等任务，培养“工序互检、结果共担”的协作精神。
3. 创新与可持续发展观：学习电抗器节能工艺，探索环保绝缘材料应用，响应“双碳”目标下的产业升级需求。

任务一　铁芯加工

变压器的铁芯片有多种规格，叠装员工在装配前要量好各级铁芯片，这就增加了铁芯叠装的劳动强度，影响了工作效率，为了提高铁芯片的工作效率，在铁芯片叠装前，一般都设有配料工序（或称“选片”），对每级各种片号铁芯片进行管理，即根据每个铁芯的尺寸要求和叠装程序，由配料工人预先把心柱和铁轭的铁芯片按图纸要求叠装顺序排列成圆柱形、塔形等形状，为叠装做好准备工作，并挑出废片。

根据生产的批量大小和工艺不同，进行铁芯设计时，可以不选圆柱形，而只是把每一级片号铁芯片单独放在一个料架上，由叠码工人自己选用。

容量在 6 300 kV · A 及以下的中小型变压器铁芯，由于尺寸较小，不需要专门的叠装滚转台，在平坦的工作平台上就可叠装，以平台的平面作为铁芯叠装的基本平面，也就是简易装配台，该装配台由数根槽钢搭成槽钢架而成，如图 4.1 所示。

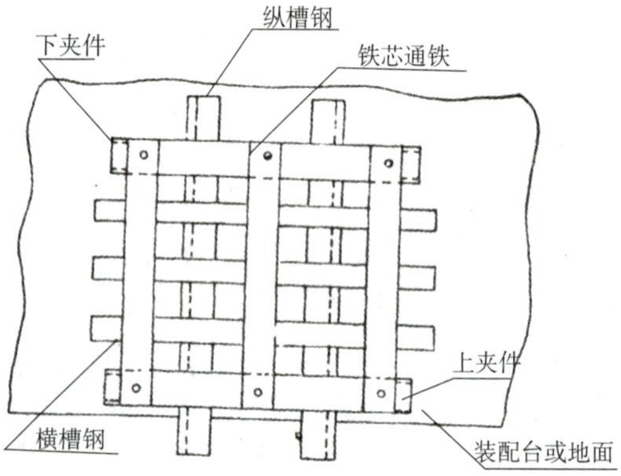

图 4.1　简易装配台

在简易装配台上即可按操作规程，放好夹件、夹件绝缘、垫木等，放置要平行，距离要准确，使其成一平面，并且平稳牢靠，然后开始进行各片号的叠装，为使叠装工人操作方便，预叠好的铁芯片的位置要摆放适当，按铁芯叠积图，一般情况下为两片一叠。

通常由下往上逐级叠装，根据铁芯大小，可一级一靠打，也可叠装 15~20 mm 厚打齐一次，使接缝达到最小，但不得有搭头、卷边和漏片、错片现象，但铁芯对角线尺寸应相等。根据经验，宽度较小级块，厚度多采用负公差，宽度较大级块（主级）可采用正公差，但必须注意铁芯截面的对称性，这样可保证在总厚度不变的情况下使铁芯截面面积有正公差，并减少铁芯损耗。当剩最后 2~3 级时，需测量铁芯总叠装厚度尺寸，按铁芯叠装的质量标准控制铁芯总尺寸。

铁芯全部叠装完，经全面检查校正后，进行铁芯零部件的装配。首先放好绝缘件、接地片，压紧上下铁芯夹件，装好垫脚；对需绑扎粘带的铁芯，应划好绑扎位置标记，在其间隔区域用心柱临时夹具进标紧固，且用钢丝绳连接。然后由专人指挥吊车将铁芯放在适当位置，且起吊、着地应慢、轻、平稳；校正铁芯垂直度后，按要求需绑扎环氧玻璃粘带或 PET 带绑扎的铁芯，按其绑扎工艺执行（采用机械化方法绑扎粘带时，多在铁芯起立前进行），绑扎后铁芯进入烘干炉烘干，出炉后卸去铁芯柱临时夹具。最后铁芯装配完毕后，由专检人员对铁芯按检查规范进行工艺性检查，如为新产品还应送试验站进行铁芯损耗试验，试验合格后，方可转入下道工序。

容量在 8 000 kV · A 及以上的中型变压器，由于铁芯的外形尺寸和重量较大，为保证铁芯片叠装平整，且起立时不发生弯曲变形，必须在专用的滚转台上进行叠装。在滚转台上叠装铁芯的工艺过程如下：首先根据铁芯图纸要求，调整滚转台两边可移动垫梁，使其中心线距离符合铁芯柱中心距尺寸要求；然后把铁芯的上、下夹件放好，并保证上、下夹件平行，下夹件底边线要和滚转台立臂平面平行，并按铁芯心柱的玻璃粘带绑扎间距要求，摆好心柱支撑，放置夹件绝缘、心柱护板（或拉板）使夹件绝缘、心柱护板处于一个水平面上;之后的叠装操作与前面所介绍内容基本相同。

铁芯叠装首先要准备好图纸、工装设备、工卡量具等,然后调平叠装基准面,最后按要求进行叠装。

卷铁芯制造工艺流程如图 4.2 所示,叠铁芯制造工艺流程如图 4.3 所示。

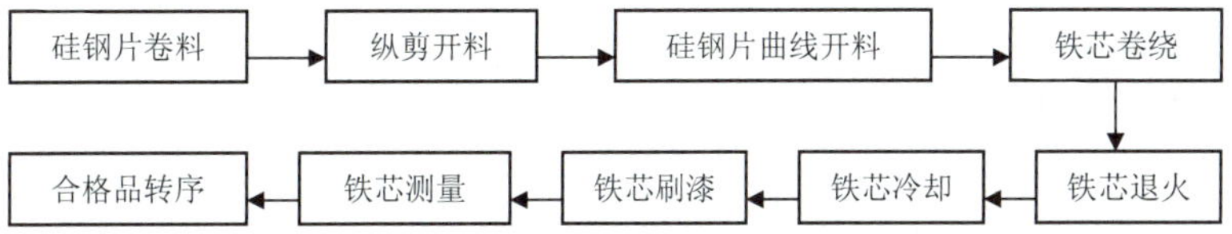

图 4.2　卷铁芯制造工艺流程

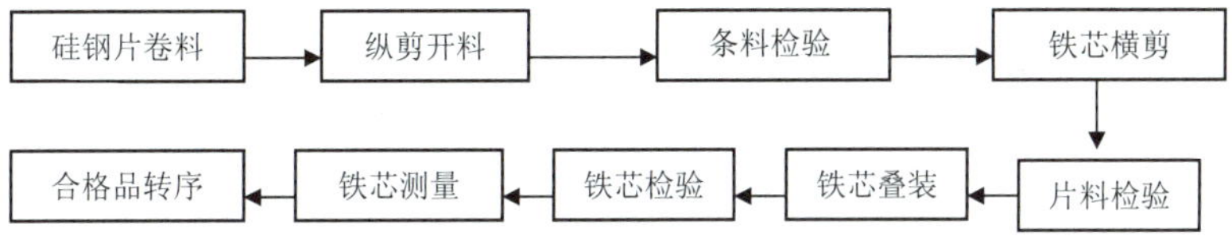

图 4.3　叠铁芯制造工艺流程

任务二　线圈绕制

叠铁芯线圈工艺流程如图 4.4 所示,卷铁芯线圈工艺流程如图 4.5 所示。

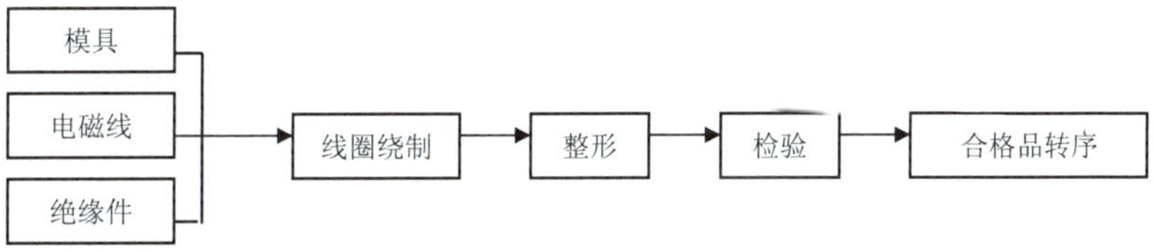

图 4.4　叠铁芯线圈工艺流程

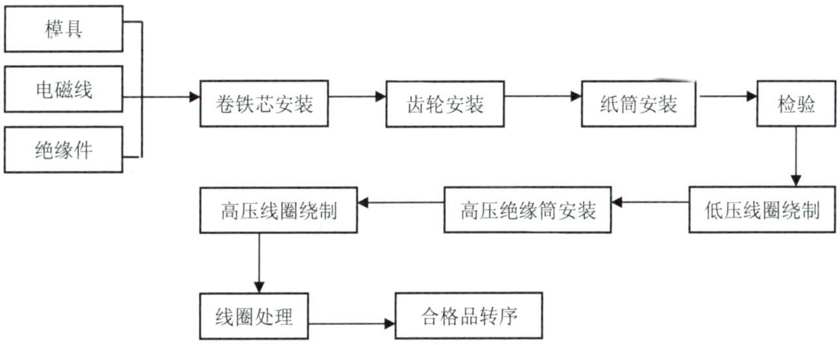

图 4.5　卷铁芯线圈工艺流程

(1)线圈用电磁线均为无氧铜制造,电阻率低;应控制合理选用电流密度,以降低负载损耗;使低损耗变压器的负载损耗相比国家标准降低 10%以上。

(2)对低压电压为 0.4 kV,容量为 500 kV · A 及以上的配电变压器产品,选用箔式或新型螺旋式低压线圈,以提高抗短路能力;油浸式变压器高压线圈为多层圆筒式,而干式变压器高压线圈为连续式或纠结连续式。

(3)线圈要安匝平衡、绝缘可靠、散热合理,以满足变压器绝缘、温升及抗短路能力等方面的要求。

(4)油浸式变压器匝绝缘漆包电磁线采用 QQ-2 型高强度缩醛漆包线,油浸纸包线采用 ZB-0.45 或 ZB-0.6 型。

(5)在线圈绕制与预压中做到安匝平衡,除要保证内外各线圈等高外,还要保证内外线圈各安匝段等高，以提高线圈抗短路能力。

任务三 器身套装

套装工序是变压器器身的成型工序，它不仅要将绕组套进铁芯柱，而且还要完成绝大部分主绝缘的装配。因此，一台变压器的主绝缘性能好坏与套装质量有直接关系。此外，套装也是对绕组的绝缘质量进行再检查的过程，同时还必须保证高、中、低压绕组的同心度和安匝平衡，以及出头位置正确，各绕组出头位置对地绝缘距离应符合设计和标准要求，提高插板质量，以保证铁芯性能等。

套装工序的工作场地应与其他场地隔离，最好能设置吸尘和防尘装置。放置铁芯的地面要有非常好的强度和平整度，以防止拆除上铁轭后铁芯柱发生变形，进而影响插入上铁轭硅钢片的工作及铁芯性能。套装工作场地的四周应布置足够数量的工位器具，以便放置套装时所用的工具、材料和绝缘部件等。

4.3.1 线圈套装

（1）套装线圈前必须认真熟悉图样，掌握绕组排列、绝缘结构等基本情况，并查阅明细表，准备好零部件，弄清图样上的技术说明和工艺要求以及该产品套装所用的工装，准备好套装过程中所使用的工具。

（2）当铁芯就位于套装场地后，应进行检查，如硅钢片损伤、锈迹、夹件和支板的平整度等检查，同时应测量铁芯柱的垂直度、铁芯的绝缘电阻、心柱直径等，并做好测量结果的记录。

（3）拆除上夹件及上铁轭，即先将部分夹紧装置如拉架、绑带等拆除，再将两个夹件松开一些，松开的程度以能打进 Π 形夹子为准。使用 Π 形夹子时，切忌损伤硅钢片，Π 形夹子的布置应有一定的层次，布置原则是用最少的夹子能够可靠地将上铁轭夹紧成一个整体。最后检查一遍整体夹紧情况，当确定铁轭硅钢片不会发生翻倒时，才可以拆走两边夹件，再从两边外侧顺序拆除硅钢片，并将硅钢片整齐地放在料架上，且用布带等将柱子的上端扎紧。

（4）装下铁轭托板，大型变压器的托板一般都用层压木板、胶木板或层压纸板制成，安装托板时要先调节其水平，然后在托板上面安装下铁轭平衡垫块，当平衡垫块总厚度较大时，应考虑其干燥后的收缩，并留有一定的余量，一般平衡垫块略高于铁轭上端平面，这是装配中的正常情况。凡超出这一范围时，应调整平衡垫块的厚度，不足时应加添垫块，超出时应将多出部分剥掉。这种调整是设计所允许的，因为它不会影响绕组的对地绝缘距离，只是要保证绕组整个圆周能够垫平，使绕组压紧后各挡垫块受力均匀。最后安装下铁轭绝缘及导油管（总油管可以提前装好），安装时要保证图样中规定的轴向、径向油路畅通。

（5）包低压纸筒，亦可称包铁芯柱的绝缘纸筒。先将纸板按使用顺序在滚圆机上进行滚圆，包扎时要注意调节铁芯柱的圆度，即尽量把纸筒的搭接部分放在铁芯柱直径较小的部位（绕组表面的纸筒搭接部位在撑条上），以使低压纸筒的外圆周呈较好的圆形，且纸筒必须包紧。纸筒包好后，测量纸筒外径，应保证低压绕组在较紧的情况下能套进。

（6）套低压绕组，拆去绕组压板，削掉上、下端撑条，撑条长度应控制在伸进绕组层压端圈的一半，保证绕组压缩时撑条不受轴向压力，并有足够间隙裕度。包扎好出线头绝缘，包扎的绝缘厚度和长度必须符合图样要求，最后将低压绕组套进铁芯柱。绕组套装时，要特别注意绕组内径不能与铁芯柱上端硅钢片相碰，以免损伤绕组匝绝缘。

（7）与低压绕组的套装程序类似，顺序完成中压绕组下端绝缘的安装、中压纸筒的包扎、中压绕组的套进。安装高压绕组下端绝缘、包扎高压纸筒及套进高压绕组。

（8）安装上铁轭绝缘，一般顺序是从高压绕组上端开始，先插角环和放绝缘端圈，然后安装中、高压上端绝缘，最后装低、中、高压共同的上端绝缘（具体应根据上端绝缘结构而定），并放好绕组压板，特大型变压器的压板一般都采用非金属材料制造。

（9）插板，插板前必须把绕组上端的空道用布或大张纸塞住，再垫上布或纸等覆盖物，以防插板过程中的异物落入空道内;插板时应边插边排齐,并边用Π形夹子可靠夹紧。

(10)装上夹件,略拧紧夹件螺钉,拨出Π形夹子,经整形后逐步拧紧夹件并安装所有紧固件;然后将铁轭夹紧,同时注意夹件与铁芯片之间的绝缘及绝缘距离应满足质量标准的要求。

(11)安装绕组围屏、旁轭围屏及相间隔板、接地线等。

(12)自查、送检。

在以上各道工艺程序进行过程中,都必须严格检查零部件的质量情况,特别是绕组的绝缘必须细致地检查,确定合格后方可装配;同时在每道工艺程序结束后都应进行吸尘或吹风。

4.3.2　铁芯插片

变压器的插片,一般先从中间主级开始插片,主级全部插完后,再进行打齐和整形工作,使主级平直、接缝最小。主级插片是整个铁轭插片的基础,基础打好了,后面的插片才可以比较顺利地进行,且后面的插片可以在主级的两边同时进行,如单边进行,应把下面垫平,防止主级单边受力而倾倒或发生扭曲变形。大型变压器插板时应注意以下问题。

(1)插片前应细致检查铁芯有无变形,确定无误后方可进行插片。

(2)插片时要注意防止出现局部凸起,而造成局部凸起的原因很多,如主级基础未打好,冲孔毛刺大,铁柱部分太紧等。局部凸起现象的形成完全是微小错误累积的结果,随着插片的增多,会使凸起部分越来越大,直至影响后面插片的正常进行。因此,插片时应随时解决局部凸起的问题。

(3)插下去的片子要做到位置正确、两边气隙一样、冲孔对齐。同时,要注意防止硅钢片发生弯曲变形,因为当铁轭中的铁柱部分太紧时,插在铁柱里的一头被铁柱夹紧,而露在铁柱外面的部分则处于松散状态而向外膨胀,这会导致硅钢片弯曲,使硅钢片的直线长度减小、气隙增大。用夹件夹紧铁轭时,由于片间摩擦力的存在,使弯曲部分不能完全伸展开以减小气隙,而是形成波浪形,再也无法整好。

(4)插片时遇到较紧的情况时,应每插两三片打一次,务必插片到位,或插几片后打一次,并随时用Π形夹子夹紧。切忌插几十片后,一块敲打校正,因为片数多了,阻力会大,片间移动非常困难,使硅钢片的位置难以校正,如用定位棒强行校正,冲孔边缘易受损坏,而且会使硅钢片内应力增加,极易引起铁轭的局部变形和增加铁耗。

(5)插片用的硅钢片应有较好的平整度,边缘、尖角无损伤和毛刺,特别是用全斜结构时更要注意这一点,否则插片工作是非常困难的。若发现有损伤的片子,应修理后再插片。损坏严重及剪冲加工质量不好的硅钢片,如滚剪时将硅钢片边缘碾压成波浪形,则不应用于上铁轭。对于不涂漆的硅钢片铁轭,应按图样要求放置间隔绝缘纸板。

(6)进行双框铁芯插片时,先插好内框,再用临时夹紧工具将内框夹紧,放置好框间油道,并插外框。

任务四　引线装配

引线装配工艺流程如图4.6所示。

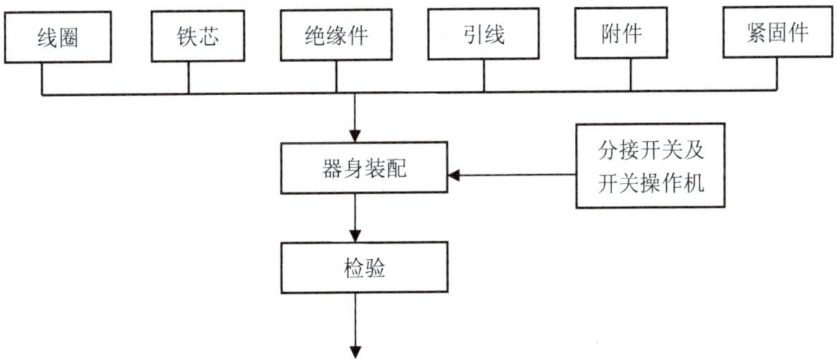

图4.6　引线装配工艺流程

引线和套装都是完成变压器器身装配的工作，因此引线也是十分重要的工序之一，引线与套装一样都必须确保器身的电气性能、清洁度以及绝缘的可靠性，但两者之间的工作性质却有很大差异，引线主要是焊接及绝缘包扎工作。

4.4.1 引线准备

引线准备随各厂家的工艺路线不同，所包括的工作内容也有较大差异。有的把引线零件加工，如铜排弯形、铣槽、铝铜接头的加工、接线片的加工等，均作为引线准备；有的则把架线前的焊接工作作为引线准备。总之，凡是没有把各种引线零件安装到器身上之前，所做的各项工作均可称为引线准备。因此，引线准备的主要工作包括以下内容。

（1）凡有零部件图样的，应按规定的工艺路线进行零件加工。

（2）按图样尺寸或实际测量尺寸下料，如电缆线、较细的铜圆等，并做好焊接准备，如铜圆焊接部位打扁，电缆线焊接部位的扎丝、打扁、预焊渗透磷铜等。

（3）包纸，即凡是能够预先进行包纸的引线或引线上的某一段，都应预先在包纸机上进行包纸，这样可以得到很好的绝缘包扎质量，而且速度快。

（4）预先焊接，其规律与包纸一样，尽可能减少装到器身上后再进行焊接，并做好焊前和焊后的所有处理工作。

（5）将某些相邻的引线用支架夹持在一起，做好一次装到器身上的准备工作。

（6）当使用成型绝缘件时，应进行成型绝缘组装的准备。

4.4.2 架线安装

对于架线安装，要先在器身上装好引线的支撑和固定用的支架，然后把前面准备好的引线一次或分几次安装到器身上。

4.4.3 引线焊接

这里的焊接是指绕组出头与引线之间的焊接或绕组出线之间的焊接。当架线安装完后，要整理绕组出线，清除导线漆膜（这部分工作可以在架线安装前在预计的位置上进行），并弯形、剪断，然后进行焊接和清理毛刺。

铜线变压器的引线焊接，主要工作是接头的焊接，焊接质量对产品质量有较大的影响。对于铜线变压器，引线焊接为铜-铜焊接，焊条一般都采用磷铜合金焊条，磷铜合金焊条含磷量为 7%~9%，熔化温度约为 800 ℃。这种焊接普遍使用几十千伏安的弧焊变压器为焊接供电，焊钳的夹持部位装有炭精块，当弧焊变压器二次侧的大电流通过炭精块时发热并加热焊件，当焊件逐渐呈现暗红色时，开始添加磷铜合金焊条，随着焊件温度的升高，磷铜合金焊条的流动性逐渐加快，并能很快渗进各缝隙中，这正是焊接所需要的温度，焊件将呈现鲜亮的红色。此时，应采取断续供电的方法来保持焊件温度，待磷铜合金焊条熔化渗透饱满后停止加热，当焊件红色消失后，移走焊钳，加水冷却。引线焊接方式如图 4.7 所示。

采用上述方法焊接比较简单，操作技术容易掌握，且磷铜合金焊条流动性好、易焊透。但这种焊条的电阻较大，因此搭接面积要求是原截面面积的 2 倍以上。也有采用气焊的，相比之下，气焊由于用火焰加热，掌握焊接温度比较困难，且气焊要求有较好的焊接位置，有时还需要用附加紧固件将焊件紧固后方能焊接等，因此采用气焊的厂家不多。

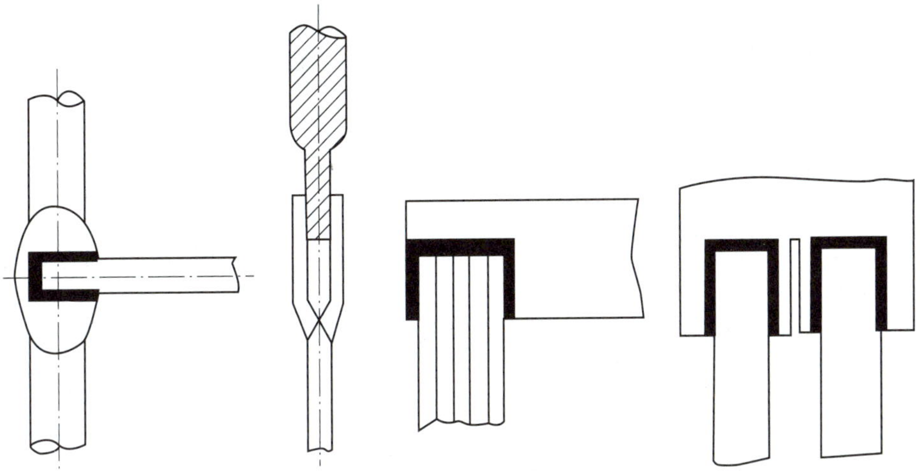

图 4.7 引线焊接方式

(a)导线与铜圆打扁部分的搭接 (b)导线与铜绞线或铜圆端头的搭接
(c)导线与铜排的搭接 (d)当导线根数较多时分两次焊接,在铜排上开槽以隔断传热

采用磷铜合金焊条电弧焊时,应注意以下几点。

(1)焊前必须清理焊接部位,特别是绕组导线,必须将漆膜刷净,将炭精块表面锉平,以保证接触电阻最小,否则接触不好的地方可能出现电弧,进而使焊件烧伤,出现表面麻点。

(2)掌握焊接温度,温度过高会造成焊件熔化而变形,温度过低则焊不透而直接影响焊接质量。因此,焊接时要掌握好焊接温度,及时加磷铜至渗透饱满为止,既不要少,也不能过多,整个操作应准确、熟练,时间越短越好。

(3)焊前应做好对附近绝缘的保护工作,用湿的石棉绳将出线包扎好,保证出线绝缘不烧焦,在焊接过程中必要时应对石棉绳浇水。

(4)焊后应先检查焊接质量,再进行清理,锉掉尖角、毛刺、氧化皮等。

4.4.4 绝缘包扎

焊接结束后,焊接部位应先包金属屏蔽纸和绝缘纸,再装隔板、护槽、成型绝缘件等。架线安装、焊接和绝缘包扎可根据具体情况交错进行。

配置好的引线,一般都事先在包纸机上包好绝缘,且都采用半叠包法,即前一圈和后一圈搭接长度为皱纹纸宽度的1/2,这样可以保证各处的绝缘厚度一致。事先包扎绝缘时要留出焊接位置,包括石棉绳冷却所用的位置。凡需要接包绝缘的部位,事先包扎时应包成锥形,锥形的长度一般可为5~7倍的绝缘厚度。焊接后的焊接部分及事先弯成各种形状的引线可进行手工包扎,手工包扎时要注意搭接长度均匀一致,包扎紧实,根部尽量包足,遇有突起部分不得少包,收头处粘牢。内绕组出头伸出端绝缘部分的包纸较长而影响引线弯曲成形时,允许将绝缘多余部分剥去,但必须保持原有锥形,最好是用刀削成锥形,以保证接包部分绝缘的包扎质量。关于这一点,引线时要特别注意,因为这一部位一般都是对地距离比较小的部位,若绝缘包扎质量不好,极易发生对地击穿故障。

对于焊接部位,由于存在棱角,一般应采取改善措施,使导线周围的电场分布均匀。当设计使用均压管时,应将均压管与引线用软线焊接相连,以构成同一电位,在均压管外面再包引线绝缘。当出线的电压较高(如110 kV及以上),而并没有设计使用均压管时,可使用铝箔或单面金属皱纹纸包扎,但包扎前应将焊接处用绝缘纸或填料衬成圆形,然后再包屏蔽层。采用单面金属皱纹纸包扎的效果比较好,如果包两层,应是两层的金属面相对,中间夹一根编织扁铜线,扁铜线与引线焊接一点,可使金属纸与引线电位相同;如果包一层,应使金属面贴于导线。

电压很高的引线往往需要使用成型绝缘件作为引线绝缘。多层成型件组成的绝缘属于纸筒油道式绝缘，其电气绝缘强度好，是高压出线可靠的绝缘结构。成型绝缘件组装时，要有足够的搭接长度，一般应在50 mm以上，必要时可在搭接部位包皱纹纸，遇有曲线部位可以边涂胶边包纸。成型绝缘件安装后，一般自重较大，需要可靠地夹持和固定。

4.4.5 整理和紧固

以上工序完成后，应进行全面的整理，保持所有引线排列整洁、美观，夹持紧固、可靠，并全面检查清洁状况和引线绝缘距离。

引线完成的最后一道程序是全面检查和整理工作，主要是确定所有接线是否符合图样要求，每一根引线对地、对邻近的绕组、对相邻的引线的绝缘距离是否符合要求。对达不到要求的部位，应调整其所处的位置，相邻的分接引线可以用蜡线绑扎，以固定位置。引线遇有尖角电极时，除保证一定绝缘距离外，还应设法改善这一集中电场的分布。在引线通过绝缘距离较小处时，应使用纸板或护槽隔断油路，以提高耐电强度。在引线通过支架时，应对纯油间隙尺寸和沿支架爬电进行绝缘强度校核，可采用加包电缆纸增大爬电距离。

如果在引线完工后能认真做好上述工作，保证绝缘薄弱处都得到加强，确保绝缘距离和夹持可靠，就能使试验合格率大大提高。这对于引线工作来说，是十分重要的一环。

任务五 器身干燥和整理

4.5.1 器身干燥处理工艺

变压器器身干燥的目的是除去绝缘中的水分。器身中的绝缘含水量越大，绝缘的耐电强度就越低，游离放电电压也就越低，且使绝缘的老化速度加快、介质损失增加。因此，电压在3 000 kV以上的变压器必须进行真空干燥处理。

真空干燥处理的时间及干燥程度与很多因素有关，如温度及温度的均匀性，真空度或剩余压力，干燥处理条件，绝缘结构，厚绝缘的密结程度，残余水分的蒸发速度或扩散系数等。对目前各种结构的变压器进行干燥处理时，主要是对温度、温度的均匀性和真空度进行科学控制，以获得很好的干燥效果。

近年来，许多厂家都引进了气相干燥设备，并已投入使用。采用气相干燥法处理变压器的突出优点就是可以大大缩短干燥处理时间，而且器身的加热是依靠煤油蒸气冷凝时释放的热量来实现的，温度越低的地方冷凝加热效果越好，因此器身温度均匀。另外，器身进炉后先抽真空，然后导入煤油蒸气，器身是在真空中加热的，因此可以采用较高的温度，一般煤油蒸气的温度为125~130 ℃。这样，在加热阶段，由于冷凝加热的效果好，器身各部位温度均匀性升高，且使用较高的温度加热器身。因此，可以得到较理想的加热效果，特别是对特大容量、超高压产品，能够得到良好的干燥效果和较高的经济效益。

4.5.2 器身整理和压紧

器身经过干燥处理后，出现绝缘收缩、紧固件松动，因此器身干燥处理后必须进行整理和紧固，才能放进油箱中。器身整理的程序及要点如下。

(1)器身出炉后，应进行一次全面的检查，在确认器身上及各缝隙中没有任何遗留物及其他问题后，方可开始整理工作。

(2)紧固上、下铁轭的所有紧固件。

(3)整理垫块，使之上、下对齐，达到质量标准中所规定的要求。

(4)调整同一压圈下面的各绕组高度，使之达到每一个绕组都能被可靠地压紧。一般来说，套装时各绕组的高度偏差不大时，端绝缘厚度尺寸符合要求，总装时一般不需要调整。但是，当绕组收缩不一致，绕组压装时压紧力偏差大时，端绝缘尺寸控制不好，往往会出现各绕组端部不平，这就一定要进行调整。调整的规律如下：一般端绝缘较多的绕组应高于端绝缘少的绕组，高度具体为多少，则要靠经验进行，或是以同类产品的经验数据来调整。由于相间等处的工作位置不好，这种调整工作是比较困难的。

任务六　油箱装配和注油

一般中、低压变压器采用器身连箱盖结构，器身整理结束后，装上箱盖，调节箱盖高度尺寸，保证器身放进油箱后既不悬空也不会顶住；然后将高、中、低出线与瓷套导杆进行可靠连接，并将其他有关接线按要求接好，经检查无误后放进油箱。

器身进箱前的检查是一次全面检查，也是对器身的全部质量进行最后一次检查。因此，这次检查十分重要，要求检查人员必须做全面地、过细地检查，包括零部件的加工质量、装配质量、结构方面的问题、产品清洁等均应检查，对前工序已查过的项目应再复查。

4.6.1　入箱前器身的检查

（1）外绕组的匝绝缘有无损伤，要求不能有任何划痕、划伤，更不允许有露铜现象。此项应在压紧绕组之前检查，以便于修复。

（2）所有零部件装配位置正确，尺寸符合要求。

（3）器身外观检查，包括铁芯和绕组有无变形、扭曲等其他情况发生，铁芯片有无在吊运过程中或因其他因素损伤，有无引线绝缘折断以及支架弯曲、变形、开裂等现象。

（4）器身清洁度检查，器身上不得有任何异物，绝缘件、铁芯及所有金属构件上不能有手印、脚印等脏污。要求检查时用手电筒逐个照射每条缝隙，细致检查。

（5）上、下铁轭垫块应对齐，包括绕组垫块（可见部分）。检查时采用吊线方法测量偏差，按不同容量要求，一般中心偏差不应超过 6~8 mm，最大不超过 10 mm。此项检查要在绕组压紧之前进行。

（6）当绕组压紧后，所有垫块包括上、下铁轭垫块及绕组垫块都不得有松动现象。检查时用手扭动垫块，或用较轻的物品敲打垫块，以不动为合格。

（7）刚刚紧固过的绝缘螺母不得松动，凡用手能拧动的就算松动，且应重新紧固，并检查锁紧情况。

（8）被支架夹持的引线不得有串动现象，标准是用手拉不动。

（9）检查所有引线位置是否正确，绝缘距离是否符合要求。

（10）所有金属紧固件不得有任何松动，特别是压钉，并应可靠地锁紧。

（11）导向冷却油路密封情况检查，如围屏出头部位、导油管连接部分、密封纸圈等都应做到基本上没有缝隙。

（12）油箱内部清洁度检查，如下节油箱内表面焊缝、支板焊缝、连管，以及上节油箱整个内表面、屏蔽、法兰等处是否有焊渣、氧化皮、灰尘、脚印及各种未清除的异物等。

（13）箱沿密封面的平整度和平直度检查，只要求目测即可，箱沿密封面不能有明显的划痕、凹点等，焊缝处必须磨平，且不能有裂纹等，箱沿对接焊缝内、外两侧必须进行封焊；目测箱沿不得有明显的高低不平、弯曲变形，发现有较大的弯曲变形时，可用钢直尺测量，弯曲应小于 0.3%，若超出范围，应修复后才能装配，划痕、凹点等较严重时，都应及时修复，以防装配后出现漏油。

（14）器身与箱盖用吊螺杆连接的产品，应检查箱盖的高度尺寸，并与油箱的深度尺寸相匹配，箱沿密封垫厚度按 2/3 计算，以保证既不悬空，也不顶住。

（15）采用箱盖结构的有载调压变压器放进油箱前，应认真检查接线是否正确。大型有载调压变压器罩好上节油箱后，应进箱检查有载接线是否正确，同时还要检查其他引线对油箱的距离是否符合要求。

4.6.2 入箱

将器身吊入油箱，边落边观察器身与油箱的相对位置。

4.6.3 注油

中、低压变压器产品在常压下加油即可，将油从油箱底部注入，并在油箱顶部放气，待油加满后，停放几小时，再放气，油不足时再补满。注油油温以 50~70 ℃为宜，注油速度不限，油耐压要求大于 40 kV。

4.6.4 铁芯绝缘材料

器身放进油箱后，应检查铁芯接地是否良好。铁芯接地线不引至油箱外的，器身放进油箱后应从某一法兰孔设法测量铁芯或金属构件与油箱之间的电阻，用 500 V 摇表测量应是通路。铁芯接地线引至油箱外的，罩好上节油箱后应接好接地线，用 1 000 V 摇表测量铁芯、金属构件与油箱之间时应为通路。

任务七　附件安装

大型变压器全真空加油后，要进行附件安装工作。具体安装哪些附件，一般以能满足试验条件为准，有些附件可以直接发运给客户进行现场安装。但近年来，为了提高现场安装质量，保证各种附件的安装尺寸合适，提高为用户服务的思想，在厂内总装时几乎需要对所有附件都进行总装配。通过总装配，凡安装尺寸不对、密封不良、结构不合理等问题，都必须在厂内加以解决，否则产品不能出厂。附件安装时除几个主要附件外，其他安装技术难度不大，只要能认真操作，就能获得很好的安装质量。下面介绍几个主要附件的安装要点。

4.7.1 套管的安装

中、低压变压器的套管一般都事先装在箱盖上，主要采用复合式瓷绝缘套管和单体瓷绝缘式套管，安装时只要能将密封垫放正并均匀压紧即可。

4.7.2 开关的安装

在附件安装时，无载开关的安装工作比较简单，首先检查开关与转换手柄法兰的位置，对正后即可测量开关到箱顶的高度，据此配置连杆。开关一般处在额定位置，因此转换手柄位置应与之对应。有载开关通常装在油箱上，安装时将开关从油箱安装法兰孔插进，然后拧紧在箱顶上，在油箱内完成开关接线。这种开关的安装在器身进箱时已装完，此时只需要先安装操动机构，再安装连接轴，即水平轴和垂直轴，垂直轴与操动机构转轴连接前，应先将指示位置调到与快速机构位置一致，然后插上连接轴销子，并进行细调，即手动正转一挡，再反转回来，看两次之间的圈数差值，拔出销子后调整到正、反圈数基本一致，再正式装好。

4.7.3 其他附件的安装

4.7.3.1 储油柜

储油柜在装到主体上前，应事先进行组装，如装隔膜袋、油表、呼吸管、阀门、气塞、柜脚等；装到主体上后，还要安装与主体的连接管、气体继电器、呼吸器等，以及有载开关储油柜及其附属零件。

4.7.3.2　冷却器

安装冷却器前，应事先组装冷却器，如装油泵、流量计、风扇等，并预装冷却器柜架、阀门、连接管等，最后安装冷却器。

4.7.3.3　压力释放器

中、大型变压器均采用压力释放器，其安装比较方便。

4.7.3.4　其他

另外，还有净油器及连接管、阀门等，各类温度计，铁芯及夹件等接地瓷套，各类逸气管道，接地螺栓，上、下节油箱连接片，铭牌、字母牌等的安装。

【任务实施】

根据项目任务书和项目完成报告进行任务实施，见表 4.1 和表 4.2。

表 4.1　项目任务书

任务名称	变压器的油箱装配和注油		
小组成员			
指导教师		计划用时	
实施时间		实施地点	
任务内容与目标			
1. 熟悉入箱前器身的检查； 2. 掌握入箱操作； 3. 掌握注油操作。			
考核项目	1. 入箱前器身的检查 2. 入箱操作 3. 注油操作		
备注			

表 4.2　项目任务完成报告

任务名称	变压器的油箱装配和注油		
小组成员			
具体分工			
计划用时		实际用时	
备注			
1. 简述变压器的附件安装。 2. 试分析铁芯的铁芯绝缘材料？			

【任务评价】

根据项目任务综合评价表进行任务评价，见表 4.3。

表 4.3　项目任务综合评价表

任务名称：　　　　　　　　　　　　　　　　　　　　　　　　　测评时间：　　年　　月　　日

考核明细		标准分	实训得分								
			小组成员								
			小组自评	小组互评	教师评价	小组自评	小组互评	教师评价	小组自评	小组互评	教师评价
团队60分	小组成员是否能在总体上把握学习目标与进度	10									
	小组成员是否分工明确	10									
	小组成员是否有合作意识	10									
	小组成员是否有创新想(做)法	10									
	小组成员是否如实填写任务完成报告	10									
	小组成员是否存在问题和具有解决问题的方案	10									
个人40分	个人是否服从团队安排	10									
	个人是否完成团队分配任务	10									
	个人是否能与团队成员及时沟通和交流	10									
	个人是否能够认真描述困难、错误和修改的地方	10									
合计		100									

【知识巩固】

1. 简述变压器铁芯加工。
2. 简述变压器线圈绕制。
3. 简述变压器器身套装。
4. 简述变压器引线装配。

项目五　电力变压器的绝缘

质量筑基守护民生安全，责任铸魂践行二十大精神

某变电站因绕组绝缘材料老化引发短路爆炸事故，导致重大经济损失及周边居民断电48小时，事故根源系生产环节偷工减料。这一惨痛教训深刻印证了“质量就是生命线”的行业铁律，警示学生必须树牢“严守标准、敬畏职责”的安全责任意识。

该案例精准呼应党的二十大报告“必须坚定不移贯彻总体国家安全观”和“建设质量强国”的战略要求，特别是在电力能源等关键基础设施领域，质量安全直接关系经济安全、民生保障和社会稳定大局。习近平总书记“发展决不能以牺牲人的生命为代价”的红线指示，在此具化为“质量就是生命线”的核心准则。生产企业必须严格落实质量安全主体责任，建立覆盖”设计—采购—生产—检测”全流程的质量管理体系。

知识目标

1. 了解电力变压器的绝缘概述。
2. 熟悉绝缘配合与试验电压。
3. 掌握绝缘分类及其主要绝缘材料。
4. 了解油-隔板绝缘结构原理。
5. 熟悉线圈绝缘。
6. 熟悉引线绝缘。
7. 熟悉空气绝缘。

能力目标

1. 工艺实施能力：能独立完成铁芯叠装、线圈油隙分割（层间油道宽度2~4 mm）及引线绝缘包扎（半叠包搭接≥50%）等实操任务。
2. 故障诊断能力：运用油色谱分析判断绝缘老化程度，通过局部放电图谱（≥100 pc需预警）识别线圈匝间短路隐患。
3. 优化设计能力：使用Ansys Maxwell进行电场仿真，优化角环布置角度（45°~60°）以降低端部场强峰值（≤15 kV/mm）。

素养目标

1. 安全责任意识：树立“绝缘失效=系统瘫痪”的危机意识，严格执行的防潮规程（呼吸器硅胶变色超50%立即更换）。
2. 团队协作精神：在器身套装环节中，协调吊装组（控制起吊速度≤0.5 m/s）与测量组（实时监测套装间隙≥2 mm）的协同作业。
3. 创新实践素养：借鉴的“油路畅通设计”理念，提出采用3D打印导油槽模型优化冷却油流路径的创新方案。

任务一　概述

电力变压器绝缘是电力变压器特别是超高压电力变压器的重要组成部分,它不但对变压器的单台极限容量和运行可靠性具有决定意义,而且对变压器的经济指标具有重要影响。运行经验表明,电力变压器的绝缘结构及其所用绝缘材料的可靠性,直接影响到电力变压器的运行可靠性。所谓运行可靠性,即保证电力变压器无故障的运行。因此,应该了解运行中变压器遭受各种过电压作用时各部位的电场分布,以及在什么条件下绝缘结构及其所用的绝缘材料具有最大的电气强度。对于变压器的纵绝缘而言,同样也必须了解在过电压作用下,沿线圈的电压梯度分布以及纵绝缘结构及其相应绝缘材料的电气强度。

变压器的绝缘水平取决于绝缘配合与试验电压。由于变电所内均采用避雷器对变电所内包括电力变压器在内的电气设备加以保护,因此绝缘配合的含义就变成被保护电气设备的绝缘强度与避雷器保护水平之间的配合,也就是说在电气设备绝缘强度与避雷器之间建立必要的、合理的相互关系。

当采用避雷器后,则被保护的电气设备绝缘水平在很大程度上由它来决定,也就是把侵入波限制于避雷器的残压水平。要让避雷器起保护作用,首先应使避雷器的伏-秒特性低于被保护变压器绝缘的伏-秒特性,即在过电压作用下,避雷器应先放电,并使避雷器伏-秒特性与被保护变压器之间具有正确、合理的绝缘配合。为了避免两者伏-秒特性由于分散性而使被保护变压器绝缘发生击穿,一般应使两者的平均伏-秒特性相差 15%~20%。必须指出,当避雷器放电后,在避雷器残压作用下,将形成导线电感与变压器电容间的振荡回路,使变压器绝缘上出现以残压为轴线的衰减振荡电压。如果此振荡电压超过变压器的绝缘强度,则变压器仍得不到保护,因此避雷器在选用的绝缘配合标准电流下的残压也必须低于变压器绝缘的放电电压。避雷器残压与雷电流的大小有关,而被保护绝缘的电压等级与残压有关。通常 220 kV 及以下雷电流按 5 kA 计算;330 kV 及以上雷电流按 10 kA 计算。显然,标准雷电流选大了,系统的保护可简化,但电气设备的绝缘水平必然提高;雷电流选小了,则系统的保护将变得复杂。由于电力变压器的绝缘强度和避雷器的保护特性均具有一定的分散性,因此这些特性有充分根据的绝缘配合应建立在统计规律的基础上,即考虑到避雷器放电电压和残压以及在过电压作用下流经避雷器电流的统计分布,也考虑到设备绝缘强度的统计分布,它们的配合应能保证得到最适宜的技术经济方案,避免无根据的裕度。

根据变压器绕组线端与中性点的绝缘水平是否相同,绝缘结构可分为全绝缘和分级绝缘两种。其中,绕组线端的绝缘水平与中性点的绝缘水平相同的称为全绝缘;绕组中性点的绝缘水平低于线端的绝缘水平的称为分级绝缘。采用分级绝缘的变压器,由于绕组中性点的绝缘水平相对较低,可以简化绝缘结构,节省材料,从而降低变压器尺寸和制造成本。但分级绝缘的变压器只允许在 110 kV 及以上绕组中性点直接接地系统中使用。

220 kV 及以下电压等级的绝缘水平主要由工频耐受电压和雷电耐受电压决定。对于 220 kV 以上的变压器,除工频耐受电压和雷电耐受电压外,还需要增加操作冲击耐受电压,这是因为超高压变压器的绝缘水平已很高,在现有的防雷措施下,大气过电压一般不如操作过电压的危险大。因此,绝缘水平主要由操作过电压决定,而操作过电压又与防护措施有关。

变压器的导电系统由绕组、分接开关、引线和套管组成,铁芯构成变压器的磁路系统。油浸式变压器的铁芯、绕组、分接开关、引线和套管的下半部装在油箱内,并完全浸在变压器油中,而套管的上半部在油箱的外部直接与空气接触。因此,油浸式变压器的绝缘可分为外绝缘和内绝缘。

外绝缘就是变压器油箱外部的套管和空气的绝缘,包括套管本身的外绝缘和套管间及套管对地部分(如储油柜)的空气间隙距离的绝缘。

内绝缘是指变压器油箱内各不同电位部件之间的绝缘(图 5.1),内绝缘又可分为主绝缘和纵绝缘。用绕组的绝缘结构来分析,绕组的主绝缘包括绕组对地之间的绝缘、不同相绕组之间的绝缘和同相的不同电压等级绕组之间的绝缘等三部分。需要说明的是,这里所说的地是变压器内部与大地相连接的各金属部件,包括油箱、铁芯和金属夹紧件等。绕组的纵绝缘是指同一绕组的不同电位部分的绝缘,包括相邻导线之间的匝间绝缘、圆筒式绕组不同层之间的层间绝缘和饼式绕组不同线饼(段)之间的饼(段)间绝缘等。同样，引线及分接开关的绝缘也适用这种方法划分。将绝缘分为主绝缘和纵绝缘的方法同样也适用于干式变压器。综上所述，变压器绝缘分类如图 5.2 所示。

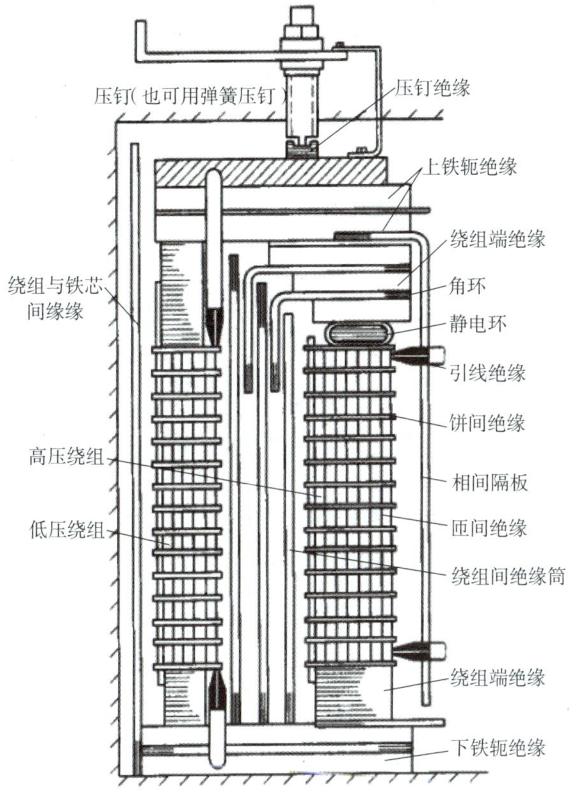

图 5.1　分级绝缘变压器的内绝缘结构

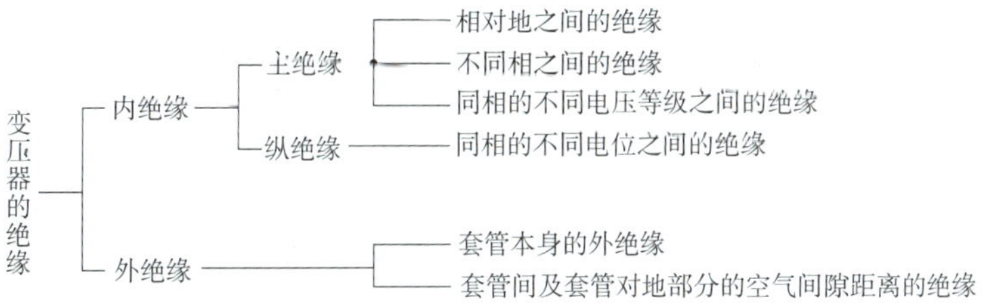

图 5.2　变压器绝缘分类

对绝缘设计的基本要求主要有电、机械、热三个方面。

5.1.1　电性能的要求

变压器在长期运行时，既要承受长期最大工作电压的作用，更要耐受各种可能发生的过电压，而后者对变压器来说更加严峻，它往往是确定变压器绝缘水平的主要依据。变压器的电性能主要依靠各种试验电压来保证。

5.1.2　机械性能的要求

当电流流过变压器绕组时，在漏磁场与电流的共同作用下，在绕组导体内将产生电动力，尤其是在突然短路时，将遭受巨大的短路电流作用，这时电动力将达到很大的数值。在设计时要保证所选用的绝缘材料和整个绝缘结构在电动力作用下具有足够的动稳定性和机械强度。另外，变压器的使用寿命也与其机械强度有关。

5.1.3 热性能的要求

变压器在运行过程中会因各部分的损耗而发热，并直到稳定的温升值。高温将加速绝缘材料的老化，从而缩短其使用寿命。通常，根据变压器所使用绝缘材料的绝缘等级不同，都规定有相应的额定温升值与最高容许发热温度值。在运行过程中，一旦发热温度超过最高容许值，变压器的寿命将锐减。

因而，无论在设计或运行中，变压器额定容量和负载能力的确定，都与绝缘材料的热性能密切相关。

任务二 绝缘配合与试验电压

变压器的试验电压值的确定既要考虑运行中可能作用于变压器的各种过电压，又要考虑过电压保护装置作用的结果，这就是所谓的绝缘配合。最终确定的变压器的试验电压值也就反映了变压器的绝缘水平；而绝缘水平的高低，无论对变压器的制造成本或者变压器的运行可靠性都影响极大。通常在 220 kV 及以下电压时，绝缘水平主要取决于大气过电压（即雷电冲击过电压）；而在 330 kV 及以上时，绝缘水平则主要由操作冲击过电压决定。

变压器在运行中承受的电压可分为三种：长期工作电压（包括局部放电电压）、内部过电压和外部过电压。为考核变压器的绝缘水平，变压器的试验电压可分为全波冲击试验电压、截波冲击试验电压、1 min 工频试验电压等。

5.2.1 全/截波冲击试验电压

全波冲击试验电压的值并不是直接由雷击过电压直接决定，而是取决于保护变压器的避雷器放电后的残压。

如图 5.3 所示，当雷电波侵入变电所时，应使位于变压器入口端的避雷器首先放电，从而使雷电电流入地，以达到保护变压器的目的。当避雷器流过雷电流时，由于避雷器自身阻抗的影响，将产生一定残压，这个残压也就是当雷电波侵入时实际可能作用于变压器绝缘的电压。所以，全波冲击试验电压应按此基准来决定。

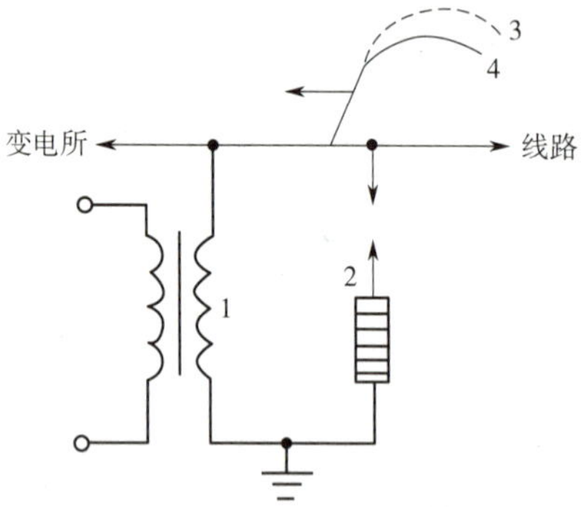

图 5.3 避雷器与被保护变压器连接示意图

避雷器的保护特性又称为避雷器的伏-秒特性（即放电电压与放电时间的关系），其必须低于变压器的伏-秒特性，这样才能保证避雷器先行放电以保护变压器的安全。这两者间的放电伏-秒特性的配合，通称为“绝缘配合”。通常，应使两者电压的平均值相差 20%~25%。

避雷器的形式不同，其残压特性也各不相同，厂家给出的避雷器的残压是在标准的雷电电流波形的作用下产生的，而避雷器的选择与工频过电压等都有一定关系。

通常，变压器的全波冲击试验电压 U_{qb}，可按下式计算：

$$U_{qb} = (K_1 U_r + \Delta U_1) K_2 + \Delta U_2$$

式中 K_1——安全系数，通常取 1.1；

U_r——避雷器的残压，可从避雷器样本上查得；

ΔU_1——考虑避雷器与变压器之间有距离等原因而使电压升高的值，取 15 kV；

ΔU_2——考虑运行中的励磁而使电压升高的值，取 0.5 U_n；

K_2——考虑运行中可能遭受多次雷击而对绝缘损坏的累积系数，取 1.1~1.2。

变压器的截波冲击试验电压 U_{jb} 一般可按下式计算：

$$U_{jb}=(K_1U_r+\Delta U_1)K_3K_4$$

式中 K_3——截波累积系数，一般取 1.15；

K_4——截波作用下的电压升高系数，通常取 1.25。

雷电冲击试验电压除电压峰值偏高外，主要是在试验线圈中的电压和梯度分布与在工频试验电压下不一样，它们是随空间和时间而变化的。此变化过程称为“波过程”，其电压和梯度分布称为“冲击电压分布”，简称“冲击分布”，对具体线圈结构而言称“冲击特性”。冲击电压分布使线圈具有过高的局部过电压，它是变压器绝缘损坏的主要因素。由于高压线圈电压高，所以往往研究高压线圈的冲击电压分布。冲击电压分布中的最大电压是决定主绝缘的一个因素（1 min 工频试验电压也是一个因素），而其最大梯度（梯度的峰值和持续时间）是决定纵绝缘的主要因素，不了解冲击电压在线圈中的分布是无法进行变压器的绝缘结构选取的，且无法进行绝缘检修。冲击波作用在线圈上将产生高于试验电压的最大电压，而冲击电压大部分降落在线圈端部而产生最大梯度。其根本原因就是冲击电压起始分布和最终分布不一致，导致产生电压振荡的结果。

5.2.2 1 min 工频试验电压

1 min 工频试验电压又称为外施高压试验（或外施 AC 试验）电压或额定短时工频耐受电压，它是操作过电压或截波冲击试验电压的一种等值电压。由于工频耐压试验较为简单、方便，故作为出厂的例行试验的项目之一，对 72.5 kV 及以下电压的变压器经常利用工频耐压试验的等值替代性，使其出厂时仅做工频耐压试验即可。

通常，对于 220 kV 及以下电压等级的电网，由于雷电冲击试验电压对主绝缘的作用有时比操作过电压更为严重，特别以截波冲击试验电压更严重，因此往往以截波冲击试验电压折合成 1 min 工频试验电压。也可以对两者都进行折合，再取其中较大者作为 1 min 工频试验电压。其折合原则是利用基于绝缘材料的伏-秒特性的所谓“冲击系数”，当利用截波冲击试验电压进行折算时，一般可按下式计算：

$$U_{1\min}=\frac{U_{jb}}{\sqrt{2}K_{jb}}$$

式中 U_{jb}——截波冲击试验电压；

K_{jb}——截波冲击系数。

对电压在 330 kV 及以上的电网，应当按操作过电压进行折算，也可得出相类似的公式，即

$$U_{1\min}=K\frac{U_m}{K_cK_2'\sqrt{3}}$$

式中 U_m——系统最高电压；

K——操作过电压倍数；

K_c——操作过电压冲击系数；

K_2'——累积系数，取 0.9。

目前，对油浸式变压器，在上述折算中所使用的“操作过电压倍数 K”“截波冲击系数 K_{jb}”以及“操作过电压冲击系数 K_c”见表 5.1。

表 5.1　试验电压折算所使用的系数

绝缘结构		油-隔板（屏障）主绝缘结构				极不均匀电场纯油间隙	油中沿固体绝缘表面爬电	固体绝缘	空气间隙（正极性）	套管的空气绝缘
线端出现位置		端部出线			中部出线					
额定电压 kV		3~20	35	6~220	110~220					
雷电过电压冲击系数	全波 1.2/50 μs K_{qb}	1.75	2	2.0	2	1.5~2	1.5	1.3~1.5	1.1~1.3	1.1~1.5
	截波 2~3 μs K_{jb}	1.75	2	2.2	2.45					
操作过电压冲击系数 K_c（0.1 s）		1.3	1.3	1.35	1.55					
额定电压（kV）		6	10	35	110	220	330~500			
操作过电压倍数 K		4.6	4.25	3.8	3.2	3	2.5			

任务三　绝缘分类及其主要绝缘材料

变压器绝缘的耐电强度是决定其能否运行的基本特性之一。而耐电强度是由绝缘强度及其选用的绝缘材料来保证的，绝缘材料的寿命决定着变压器的寿命，同样绝缘结构尺寸在很大程度上影响变压器的重量和外形尺寸，因此合理的绝缘结构设计具有重要的经济意义。在上述的各类绝缘中，根据它们的工作条件和在运行中所受的影响，对所用的绝缘材料提出了电气和机械强度、耐热性和化学稳定性等方面的要求。

5.3.1　变压器油

变压器油的主要成分是环烷烃、烷烃和芳香烃，以及其他一些成分。变压器油是油浸式变压器最基本的绝缘材料，并充满整个变压器油箱，其作用是绝缘和冷却。变压器油的耐电强度、传热性比空气好得多，热容量也比空气大得多，因此目前的电力变压器绝大部分采用油浸式。环烷烃具有良好的化学稳定性和介电稳定性，黏度随温度的变化小。芳香烃的化学稳定性和介电稳定性也较好，在电场作用下不析出气体，而且能吸收气体，芳香烃含量高，则油的吸气性强，反之则吸气性差；但芳香烃易燃，且随其含量增加，油的比重和黏度增大，凝固点升高。环烷烃中的石蜡烃具有较好的化学稳定性和易使油凝固，在电场作用下易发生电离、析出气体，并形成树枝状的 X 腊，影响油的导热性。变压器油中各种组分的含量取决于油源。变压器油的耐热等级为 A 级，而且其燃点较低，具有易燃性，因此不宜用在具有防火要求的场所。近年来，出现了多种能替代变压器油的合成液体绝缘材料，但多数还未在变压器中实际应用，其重要原因之一是新型液体绝缘材料价格较贵，限制了进一步的发展与推广。变压器绝缘老化的标志之一是 $\tan\delta\%$ 增大，其主要原因是变压器油的 $\tan\delta\%$ 增大，而绝缘纸板的 $\tan\delta\%$ 平均为油的 10%~20%，因而采取措施延缓变压器油老化具有实际意义。

5.3.2　电缆纸

电缆纸一般是由未漂白硫酸盐纸浆经抄纸而制成。在变压器中采用型号为 DLZ-08 和 DLZ-12 的电缆纸，其厚度分别为 0.08 mm 和 0.12 mm，主要用作导线绝缘线圈层间绝缘和引线包扎绝缘等，它是油浸式变压器的主要绝缘材料之一。

5.3.3　电话纸

电话纸由硫酸盐纸浆制成。在变压器中采用型号为 DH-50 的电话纸，其厚度为 0.5（1 ± 5%）mm，卷成宽度为（500 ± 10）mm 的纸卷，主要用作线圈导线绝缘和线圈的端绝缘等。

5.3.4　皱纹纸

目前，采用的皱纹纸型号为 JW-50，它是将底纸为纤维绝缘纸的绝缘纸加工成具有 15%、20%、30%、50%、100%、200%和 300%引伸率的皱纹纸，底纸可分为低密度和高密度两种。

5.3.5　绝缘纸板

在油浸式变压器绝缘结构中，绝缘纸板应用最为广泛，它由木质纤维或掺有适量棉纤维的混合纸浆经抄纸、压光而制成。应该指出，油与纸板组合应用性能良好，组合后具有较高的耐电强度。因此，目前在油浸式变压器中主要采用油与纸板组合的绝缘结构形式。应该注意到，绝缘纸和纸板介电系数 ε_z=4~5，比变压器的介电系数 ε_y=2.2 高一倍以上。在电场作用下，复合绝缘中分担的场强与材料的介电系数成反比。油浸纸或纸板（介电系数 ε_1）与变压器油（介电系数 ε_2）在交流电压下纸和油的电场（E_z 及 E_y）关系为 $E_z/E_y=\varepsilon_1/\varepsilon_2$。由此可见，油隙中的场强比纸板的场强大得多，于是油隙就成为油-纸绝缘的薄弱环节。当它们之间的介电系数接近时，变压器的绝缘结构尺寸就可能缩小，因此低介电系数的新型纸板是目前研制开发的方向。低介电系数的新型纸板是在木质纤维中掺加适当组分的合成树脂纤维后制成的纸板。合成树脂纤维的介电系数在 2.1~3.8。考虑到新型纸板的浸渍性、制造工艺和成本因素，目前认为适用于超高压电力变压器绝缘的低介电系数新型纸板是用聚甲基戊烯（简称 PMP，介电系数 ε=2.12）纤维与木质纤维掺合成为原材料制成的纸板。

5.3.6　绝缘成型件

绝缘结构形状按电场分布采用纸浆成型，绝缘成型件的稳定性好、强度适中，可提高绝缘结构的可靠性。随着超高压大容量变压器的发展，变压器绝缘结构及引线结构日趋复杂，因此采用一般的由绝缘纸板粘压而成的绝缘件已不能满足要求。目前，国内外在超高压变压器中已研制出由纸浆成型的绝缘角环和形状复杂的高压成型引线绝缘件及其他许多成型绝缘件，如扇形护套、绝缘弯管、绝缘角环等。绝缘成型件解决了 220~500 kV 超高压电力变压器绝缘结构和引线绝缘问题。

目前，在变压器绝缘中应用的绝缘纸有两大类：植物纤维纸和合成纤维纸。合成纤维纸主要应用于干式变压器，而油浸式变压器则主要采用植物纤维纸及其制品。油浸式变压器绝缘结构中所用的主要绝缘材料是变压器油和绝缘纸，即油-纸绝缘结构。变压器油与绝缘纸相结合具有很高的耐电强度，比两者分开单独的油和纸任何一种材料都高得多。纸的作用是把油分成无数个小油隙，一般油的绝缘强度大多低于纤维纸，同时油的介电系数低于纤维纸，故油承受较大的电场强度。

在浸油良好的条件下，消除杂质程度决定了实际油-纸绝缘可能达到的电气强度，因此在实际生产过程中的控制具有重要意义。油-纸绝缘的缺点是两者均易被污染，含百分之几的杂质影响就很严重，因此在工艺过程中尽可能地获得较纯净的油和纸，并据此选择合适的工作场强，以保证变压器绝缘结构的可靠性。

首先，纸的分子结构有羟基，宏观为多孔结构，极易吸收水分，在正常的大气条件下为 7%~9%，饱和时可达 15%。纸易被干燥，即使在空气中加热也可干燥至 0.1%，而在真空中干燥可大大加速。而且纸和水的亲和力较油和水的亲和力强，所以一般纸都从油中吸收水分。纸吸收水分后不会与油平均分担水分，进而影响耐电强度、绝缘老化和机械强度，因此是应严格控制的问题。纸在干燥过程中要驱出纸层中的最后残存水分（约 0.1%）甚为不易，它与热分解而放出的水分难以直接区分，在快速干燥时更是如此，一般在干燥的最后阶段极易伴有热老化分解。纸的热分解放出气体的比例约为 $H_2O:CO:CO_2=70:12:18$，其中后两者指纤维纸的焦化而不是干燥，由于变压器绝缘中对纤维纸的工作场强并不高，通常无干燥到0.1%这一危险临界值的必要。当然纸的热老化与水分和氧的存在有关，也和其他参数有复杂的关系。

其次，必须注意到，除非纸完全被油浸透，否则纸中会有空气或其他气体的空隙。这无疑将使纸的耐电强度降低，此时空隙上所承担的电压又比纸上高得多，空隙击穿并不意味着绝缘的损坏，这部分放电会逐步腐蚀绝缘，最终可导致绝缘损坏。因此，变压器绝缘的浸渍处理方式及其工艺具有重要意义。

任务四　油-隔板绝缘结构原理

目前，我国生产的油浸式变压器的绝缘结构主要采用油-隔板绝缘结构形式。下面对油-隔板结构的基本规律及其特点进行概要分析，为绝缘结构设计提供必要的基础。

5.4.1　变压器油的耐电强度

在油-隔板绝缘结构中，绝缘性能在很大程度上取决于油的耐电强度。油的耐电强度在理论上是很高的，在试验中曾对特别纯净的油进行测试，其耐电强度高达4 000 kV/cm以上，实际上净化后的工程变压器油耐电强度为200~250 kV/cm，而在标准油杯中击穿电压一般为40 kV/2.5 mm以上，这样大的差异主要原因是变压器油中含有杂质。

变压器油的耐电强度取决于其中杂质的含量。变压器油中含有水分将大大降低其耐电强度，当含水量增加到超过0.2%时耐电强度几乎保持不变，这是因为只有一定数量的水分才能悬浮于油中，而多余的水分则沉积于底部而不影响耐电强度。然而，油中如果同时存在水分和纤维，对油的耐电强度降低的影响较之水分和纤维单独存在时严重得多。其主要原因是水分和纤维杂质引起了电场局部的畸变，局部电场强度升高的结果。因此，在变压器中所采用的油必须经过滤及真空干燥处理，以清除其中所含的杂质和水分。此外，在变压器的制造过程中，为了消除变压器内部存有的空气以及注油过程中混入的空气等杂质，选择在真空状态下注油。

对于工程纯度的变压器油，定量地测量其中所含水分是困难的，通常是利用在标准油杯中测得的击穿电压作为检查油的受潮程度的标准。我国采用的标准油杯有两个直径为25 mm、厚度为5~8 mm的铜盘，两个铜盘相对一面的边缘制成半径为2 mm的圆角，两个铜盘均垂直放置，且相距2.5 mm。对于各种电压等级的变压器，其中所用的油在标准油杯中的平均击穿电压应不低于《电工流体　变压器和开关用的未使用过的矿物绝缘油》(GB 2536—2011)标准要求值(未处理≥30 kV，经处理≥70 kV)。

变压器油的耐电强度还与温度、压力、电场均匀程度及电压作用时间等因素有关。

5.4.1.1　温度的影响

油间隙的耐电强度与温度的关系复杂，在0~60 ℃范围内，油受潮后的击穿电压往往随温度升高而明显上升，其原因是油中悬浮状态的水随温度上升而转化为溶解状态；在60~80 ℃范围内，受潮的变压器油的击穿电压可能出现最大值，其原因是温度超过80 ℃时，油中水分气化增多，而温度低于60 ℃时，油中处于悬浮状态的水分较多。因此，在试验变压器油样时，应在室温下进行，加热油时，油温不宜超过60 ℃。未受潮时，油的击穿电压受温度影响较小。

5.4.1.2　电场均匀程度的影响

油的纯净度较高时，改善电场的均匀程度能使工频击穿电压明显提高。但在品质较差的油中，因杂质的聚集和排列已使电场畸变，电场均匀程度带来的好处并不显著。含杂质的油受冲击电压作用时，因为杂质来不及形成“小桥”，改善电场均匀程度也能提高其击穿电压。所以，考虑油浸式均匀结构时，如在运行中能保持油的清洁度，或主要受冲击电压的作用，则应尽量使电场均匀。反之，如绝缘结构长期受工频电压的作用，或运行中容易变脏和劣化，则设计时油中绝缘距离应按极不均匀电场来考虑。

5.4.1.3 电压作用时间的影响

油间隙的击穿电压随电压作用时间的增加而下降。由于油中杂质的聚集和介质的发热均需要一定的时间，当油的纯净度及温度提高时，电压作用时间对击穿电压的影响减小。经长时间工作后，油的击穿电压会缓慢下降，这是由油老化、变脏等原因造成的。在油不太脏时，1 min 耐电强度和较长时间的耐电强度相差不大，因而我国进行耐压试验时通常只加电压 1 min。

隔板在均匀电场与不均匀电场中，对于提高油间隙的耐电强度所起的作用是不同的。关于变压器油的击穿机理，从理论上可概括为碰撞电离理论，它是把气体碰撞电离理论扩展到液体介质。近年来，可以对液体介质中的电子现象加以测量，从而期望对液体介质的击穿机理得到统一解释；另外，液体介质由于各种原因而含有气体是液体介质击穿的主要因素，即气泡击穿理论。

尽管已对变压器油的击穿问题进行了许多试验研究工作，但还是未能得出较完整的理论，其击穿过程的分析主要还是以试验为基础。在工程上认为它与空气一样是由于产生局部放电而发展到击穿的，即认为击穿是因油中含有空气、水分和纤维杂质引起的电场分布的畸变而导致局部电场强度升高的结果。在电场的作用下，这些杂质沿电场方向排列而在电极间形成所谓的半导体“小桥”，开始时为漏电通道，最后成为击穿通道。这就是定性描述击穿过程的“小桥”理论。这种“小桥”理论虽然在一定程度上能说明试验现象，但不能从理论上定量分析，因此在工程上应用还主要依赖于试验数据。

5.4.2 固体绝缘与油配合的作用

由上面分析可知，为了提高变压器油的耐电强度和减小绝缘结构尺寸，除设法减少油中杂质和尽可能不使杂质混入油中外，更有效的措施是采用固体绝缘和油配合组成的复合绝缘。在变压器绝缘结构中采用的复合绝缘可分为覆盖、绝缘层和隔板三类。

5.4.2.1 覆盖对油间隙击穿电压的影响

覆盖是用固体绝缘材料，如电缆纸、皱纹纸及绝缘漆等做成紧贴于电极表面比较薄（十分之几到几毫米）的绝缘层，例如导体所包绕的纸带或皱纹纸等。覆盖基本上不改变油中电场强度，覆盖的作用在于消除任何情况下油中纤维杂质的积聚，并形成半导体“小桥”而将两电极短接。因此，覆盖的有效性与电场均匀度有关。试验表明，电场越均匀，油中杂质含量越多，覆盖的作用越显著。在冲击电压作用下，或在极不均匀电场中，覆盖的效果很小。

在工频电压下，覆盖使击穿电压提高的百分数，对于均匀电场为 70%~100%，对于比较均匀电场为 25%~35%，对于极不均匀电场为 10%~15%。因为在不均匀电场中纤维杂质不易形成半导体“小桥”，在均匀电场中易于形成“小桥”，而覆盖正好就是起阻碍“小桥”形成的作用，故使均匀电场情况下击穿电压有很大程度的提高。

在冲击电压下，覆盖不起很大作用，甚至由于覆盖不均匀性而引起电场的某些畸变，从而导致击穿电压降低。

5.4.2.2 绝缘层对油间隙击穿电压的影响

绝缘层与覆盖不同的是其厚度较大（有时可达十几毫米），且承担一定比例的电压而使油中电场减小。因此，绝缘层在工频电压和冲击电压下都有显著的作用。在极不均匀电场中，对于电场集中的那一个电极加以绝缘层，油间隙的耐电强度就提高很多。绝缘层在变压器中应用于高压线圈首端及末端线饼的加强绝缘、静电环绝缘以及引线绝缘等。例如，变压器引线对油箱壁的情况，若油隙为 100 mm，引线上加 0.5 mm 厚的绝缘层时，击穿电压较裸电极时提高 50%；3 mm 时提高 100%；6 mm 时提高 150%；10 mm 时提高 200%等。必须指出，如果在均匀电场中油间隙内存在一定厚度的固定绝缘层，因为油间隙中的电场强度与介电系数成反比，故油中电场强度反而会提高。

5.4.2.3 隔板对油间隙击穿电压的影响

隔板的厚度一般为2~6 mm，它是位于电极间油间隙中的固体绝缘材料，如变压器线圈间的绝缘纸筒或胶纸筒（中小型变压器）、线圈端部的角环等。隔板在均匀电场与不均匀电场中，对于提高耐电强度所起的作用是不同的。在不均匀电场中，由于油中的杂质不能迅速形成“小桥”，因此隔板的作用和空气一样，即油中的自由电荷积聚于隔板（屏障）上形成一附加电场，该附加电场改变了原电场分布，使其变得均匀一些，且电场的均匀性随隔板数增加而增加，从而提高了油间隙击穿电压。试验结果表明，在1 min工频电压作用下，隔板距最大场强的电极处为全部油间隙距离的15%~35%时，击穿电压可达到无隔板时击穿电压的200%~250%，距离越大，隔板的效果越小。

当隔板放在平板电极附近时，击穿电压提高很小。而当隔板过分靠近针尖电极时，虽然全部击穿电压可提高，但降低了针与隔板间的局部击穿电压，易于产生局部放电，因而能逐渐破坏隔板。只有在短时过电压下才允许局部放电，而在长期工作电压下是不允许局部放电的。在均匀电场中隔板的作用和覆盖相似，即起阻止纤维杂质在油间隙中形成半导体“小桥”的作用。隔板在油中最有利的位置和不均匀电场中一样，即在距离最大电场强度的电极表面25%处。隔板在最佳条件下，可使平均击穿电压提高不超过2.5%。

在冲击电压作用下，在极不均匀电场中，采用隔板是有利的，最有利的位置是紧靠曲率小的电极处。在较均匀电场中，隔板对冲击电压作用不明显，因为在冲击电压下“小桥”效应本来就比较弱。此外，20世纪50年代发表了油浸耐电强度的体积效应，就是在均匀电场和稍不均匀电场中，变压器油的耐电强度随受电压作用的油隙体积的减小而提高，即变压器油具有“体积效应”。在变压器绝缘结构中是采用普通绝缘纸板或瓦楞纸板将油隙分隔成若干小油间隔（体积），瓦楞纸板的高度正好是油-隔板主绝缘结构的油隙宽度。

在油-隔板绝缘结构中，许多试验所积累的数据表明，油隙宽度（d）与击穿电压（U_b）之间的关系，从测得结果可以用下列经验公式描述：

$$U_b = Kd^{-n}$$

式中：K、n为常数，K值与电极表面和油是否直接接触以及电极表面有否覆盖有关，有覆盖时，则击穿电压提高；当取对数时，n值与对数曲线的斜率有关。

对于变压器线圈间、线圈与油箱间的电场基本上为均匀电场，其间插以隔板分隔油隙时，油隙的耐电强度提高。另外，在均匀电场中，虽然油隙的宽度相等，而电极面积不同时，击穿场强也将有较大的变化。为了对此现象做出解释，可以认为变压器油的击穿特性为高电场中油量的参数，即变压器油具有体积效应。

在实际的油-隔板绝缘结构中，应用变压器油的体积效应时，通常考虑油隙宽度与击穿电压的关系是方便的。对于油-隔板绝缘结构而言，其中油和隔板分担的电场强度与其介电系数成反比，因而油隙中的场强比隔板中的场强高，而成为该绝缘结构的弱点。因此，在绝缘结构设计时应采取措施处理好高场强区，通常是调整油隙尺寸，即高场强处取较小尺寸的油隙，使击穿场强变化，从而各油隙基本上具有相同裕度。

在高压变压器绝缘结构中，隔板的数目随电压等级的提高而增多。但是，油隙也不能过小，若油流受阻，会使散热困难，故选取油隙尺寸应适当，在变压器绝缘结构中的轴向油道一般不宜小于3 mm。

任务五　线圈绝缘

5.5.1 线圈主绝缘

变压器的主绝缘以油屏障绝缘和油浸纸绝缘最为常见。每一种绝缘结构不论形状如何复杂，都不外乎由纯油间隙、屏障和绝缘层三部分组成。

纯油间隙指两个裸电极之间不设置任何固体绝缘，完全靠油间隙绝缘。在油间隙中加入屏障（绝缘纸板）后，即构成油-屏障绝缘结构。由于油中的杂质或气泡在电场作用下会形成“小桥”，击穿沿着“小桥”发展，进而降低了油间隙的击穿电压。加入屏障能起到隔断“小桥”的作用，从而提高击穿电压。并且在一个油间隙中加入的屏障数目越多、屏障厚度越薄，间隙击穿电压提高得越多。因此，目前变压器采用薄纸筒-小油隙的绝缘结构作为绕组间的主绝缘，另外油隙还作为绕组的散热油道。

绝缘层就是缠绕在导体表面的固体绝缘，通常用电缆纸或皱纹纸制成。绝缘层提高油间隙击穿电压的作用有两方面：一方面是隔断油中“小桥”；另一方面能改善电场分布，降低油间隙中的最大电场强度。由于导线表面附近的电场最强，导体表面加绝缘层以后，这部分的油被固体绝缘材料所替代，固体介质的介电系数 ε_1，（油浸纸为 4 左右）比变压器油的介电系数 ε_2（为 2.2~2.5）大；根据 $\varepsilon_1 E_1 = \varepsilon_2 E_2$ 可得绝缘层内的电场强度降低了。

变压器绕组的主绝缘结构如下。

5.5.1.1 绕组与铁芯之间的绝缘结构

绕组与心柱之间的绝缘结构是用厚纸筒与粘在其上面的撑条组成纸筒-油间隙绝缘结构，而绕组与铁轭之间的绝缘结构是由平衡绝缘、铁轭绝缘、端圈、角环和静电屏等组成。由于绕组端部的电场强度高且极不均匀，一方面需要平衡绝缘、铁轭绝缘、端圈和角环等来加强端部的绝缘，提高端部绝缘的耐电强度；另一方面则必须采取措施改善电场分布，以降低端部的电场强度。改善电场分布的重要措施就是在绕组首端加装静电屏，当然角环也能起到一定的作用。

5.5.1.2 绕组与油箱之间的绝缘结构

最外层绕组与油箱之间构成绕组与油箱的主绝缘，一般 110 kV 及以下变压器主要是靠油间隙绝缘。随着变压器电压等级的升高，为了提高同一油间隙的击穿电压，需要在油间隙中加屏障，所以 220 kV 及以上变压器需要在高压绕组外加包一层围屏，用于隔断油中“小桥”，当然它还是有导向油道所必需的。

5.5.1.3 绕组与绕组之间的绝缘结构

绕组与绕组之间的绝缘有不同相绕组之间的绝缘和同相不同电压等级绕组之间的绝缘。不同相绕组之间的绝缘结构，在电压等级较低变压器中可用纯油间隙作为不同相绕组之间的主绝缘；当电压等级较高时，需要在油间隙中加入隔板，并与围屏一起构成油-屏障绝缘结构。同相不同电压等级绕组之间的绝缘，多采用薄纸筒-小油隙的绝缘结构作为绕组间的主绝缘。

5.5.2 线圈纵绝缘

纵绝缘主要取决于冲击电压作用下的梯度电压。在冲击电压作用下，起始电压在绕组各部位分布不均匀以及引起振荡，会使绝缘的某些部位产生很高的梯度电压。不同绕组形式、有无内部保护对梯度电压有很大影响。因此，纵绝缘的选择必须在考虑以上诸多因素后加以确定。

绕组的纵绝缘是指同一绕组内的匝间绝缘、层间绝缘以及饼间绝缘等。在同一层（层式绕组）或同一饼（饼式绕组）内绕有数匝导线，这时导线匝与匝之间需要有匝间绝缘。对于不同形式的绕组，匝间承受的电压亦不相同，如纠结式绕组的匝间电压就比同一电压等级的连续式绕组高，所需的匝间绝缘要求也不一样。绕组的匝间绝缘是由包在导线表面的电缆纸构成的，对于不同的电压等级，其匝间绝缘的厚度也不相同；35 kV 及以下的各种绕组为 0.45 mm；66 kV 纠结部分为 0.95 mm，连续部分为 0.6 mm；110 kV 及以上绕组主要采用纠结式或内屏蔽式，110 kV 为 1.35 mm，220 kV 为 1.95 mm。

圆筒式绕组的层间绝缘是由撑条或瓦楞纸板与电缆纸构成的，层间绝缘一般采用分级绝缘，即层间电压高的部位加强绝缘，电压低的部位可降低绝缘要求。

饼间绝缘是由线饼间的绝缘垫块构成的油间隙与导线的绝缘组成，为了加强饼间绝缘，有时在水平油道中加放纸板圈或小角环。饼间绝缘的尺寸除考虑电气绝缘强度外，还要考虑满足绕组的散热需要。

任务六　引线绝缘

引线的主绝缘包括引线对地之间的绝缘、引线对与其不同相绕组之间的绝缘、不同相引线和同相不同电压等级引线之间的绝缘等；而引线的纵绝缘是指同一绕组引出的不同引线之间的绝缘。

要保证引线绝缘符合要求，最主要是保证有足够的油间隙距离，必要时还要加强绝缘。因此，除在引线上包扎一定厚度的绝缘层外，还可以在引线对地或引线之间加设纸板屏障或加包绝缘护槽，以隔断油间隙，提高电气绝缘强度。同样，还要考虑引线及其附件的电场强度分布情况，改善引线表面电场分布的方法主要有引线表面应光滑，并加包绝缘层，且焊接处应用金属箔加以屏蔽等。同时，要求靠近引线的接地部件不应有尖角，以避免接地极电场过于集中。

当引线通过支架时，应保证纯油间隙尺寸和沿支架爬电距离满足要求，必要时应采用加包电缆纸或纸板槽等措施加强绝缘。

任务七　空气绝缘

随着电力行业的迅猛发展，提高输电系统的安全性、稳定性和经济性已成为电力行业技术发展的重要目标之一。而空气绝缘技术作为一种新型的绝缘技术，其优越的性能和稳定的运行，为电力行业的发展提供了重要的支持。下面着重探讨空气绝缘技术在电力行业中的应用。

5.7.1　空气绝缘技术的特点

空气绝缘技术不同于传统的绝缘技术，它是一种新型的绝缘技术，具有以下主要特点。

(1)抗污性强。如今，随着城市的快速发展，环境污染日益严重，高压设备的绝缘材料经常会受到污染，从而影响电网设备的正常运行。而空气绝缘技术采用空气作为绝缘介质，不需要绝缘材料，因此不易受到污染，抗污性能强。

(2)绝缘性能稳定。空气作为绝缘介质不会老化、变质和受外部因素影响，因此空气绝缘技术的绝缘性能稳定。

(3)防雷性能好。在高海拔山区和平原地区，由于雷电活动频繁，高压设备的绝缘性能易受到影响。而空气绝缘技术不需要绝缘材料，不受雷电影响，具有很好的防雷性能。

(4)占用空间小。空气绝缘技术不需要使用绝缘材料，占用的空间也比传统的绝缘技术要小，极大地方便了设备布局和维护。

5.7.2　空气绝缘技术在电力行业中的应用

5.7.2.1　输电线路

空气绝缘技术在输电线路中得到了广泛应用。如今，随着电力行业的快速发展，越来越多的城市需要电力输送，因此需要大量的输电线路。在传统的输电线路中，需要使用绝缘材料来绝缘电力，因此绝缘材料的性能就会影响输电线路的稳定性。采用空气绝缘技术可以完全避免这个问题，大大提高输电系统的稳定性和安全性。在高海拔和冷地区，采用空气绝缘技术可以避免绝缘材料因低温冷冻、老化等原因造成的故障，提高输电线路的可靠性。

5.7.2.2　变电站设备

变电站设备是将输电线路输送的电力进行升压、降压、配电、保护等处理的设备。在传统的变电站设备中，需要使用大量的绝缘材料，而这些绝缘材料的使用加大了变电站设备的体积和重量，也增加了设备的维护成本。采用空气绝缘技术可以避免这些问题，提高变电站设备的可靠性和稳定性，同时还可以减少设备的体积和重量，方便设备的安装和维护。

5.7.2.3　智能电网设备

智能电网设备是指在传统电网之外增加了信息技术等智能化技术的电网设备，它可以实现电力信息的快速传输、数据的采集和分析等功能。采用空气绝缘技术的智能电网设备不仅具有稳定性和可靠性，还可以采用相应的信息技术进行智能化管理，提高设备的安全性和经济性。

5.7.3　空气绝缘技术的发展趋势

虽然空气绝缘技术已经得到广泛的应用，但随着电力行业的不断发展，它的应用也将不断被拓展。未来，空气绝缘技术将应用在更广泛的电力设备中，同时其性能和稳定性还会不断得到完善，使其能够更好地应对复杂的电力环境和变化的需求。此外，随着智能电网的发展，空气绝缘技术也将与更多的信息技术相结合，形成更高效、更安全、更经济的智能化电力系统。

【任务实施】

根据项目任务书和项目完成报告进行任务实施，见表 5.2 和表 5.3。

表 5.2　项目任务书

任务名称	变压器绝缘的认知		
小组成员			
指导教师		计划用时	
实施时间		实施地点	
任务内容与目标			
1. 熟悉绝缘配合与试验电压； 2. 掌握绝缘分类及其主要绝缘材料； 3. 掌握油-隔板绝缘结构原理。			
考核项目	1. 线圈绝缘 2. 引线绝缘 3. 空气绝缘		
备注			

表 5.3　项目任务完成报告

任务名称	变压器绝缘的认知		
小组成员			
具体分工			
计划用时		实际用时	
备注			

续表

1. 简述变压器绝缘电性能的要求。 2. 简述变压器绝缘机械性能的要求。 3. 简述变压器绝缘热性能的要求。

【任务评价】

根据项目任务综合评价表进行任务评价,见表 5.4。

表 5.4 项目任务综合评价表

任务名称:　　　　　　测评时间:　　年　　月　　日

考核明细		标准分	实训得分								
			小组成员								
			小组自评	小组互评	教师评价	小组自评	小组互评	教师评价	小组自评	小组互评	教师评价
团队60分	小组成员是否能在总体上把握学习目标与进度	10									
	小组成员是否分工明确	10									
	小组成员是否有合作意识	10									
	小组成员是否有创新想(做)法	10									
	小组成员是否如实填写任务完成报告	10									
	小组成员是否存在问题和具有解决问题的方案	10									
个人40分	个人是否服从团队安排	10									
	个人是否完成团队分配任务	10									
	个人是否能与团队成员及时沟通和交流	10									
	个人是否能够认真描述困难、错误和修改的地方	10									
合计		100									

【知识巩固】

1. 简述变压器绝缘分类及其主要绝缘材料。
2. 简述变压器油-隔板绝缘结构原理。

项目六　变压器试验

损耗与能效提升：贯彻绿色创新战略

针对铁损与铜损制约变压器效率的行业痛点，江苏某高职院校积极响应党的二十大"推动经济社会发展绿色化、低碳化"战略部署，深化产教融合组建校企联合攻关团队。团队通过采用创新非晶合金铁芯材料，突破传统硅钢材料晶体结构的磁滞损耗限制，实现空载损耗降低70%，成果入选工信部"能效之星"示范目录。这一实践不仅验证了党的二十大提出的"加强绿色技术创新支持，健全科技成果转化服务体系"要求的可行性，更为实现"双碳"目标提供技术支持——按我国配电网规模测算，全面推广该技术每年可减少二氧化碳排放超2 000万吨，生动践行了"协同推进降碳、减污、扩绿、增长"的系统治理理念。

热管理与冷却技术：践行科技自立自强

在散热设计关乎设备寿命的关键领域，西安某科研团队紧扣党的二十大"坚决打赢关键核心技术攻坚战"要求，针对特高压变压器温升控制这一"卡脖子"难题，创新研发油水复合冷却系统。通过建立多物理场耦合散热模型，攻克介质相容性、动态热平衡等难题，专利技术使我国特高压变压器温升指标优于IEC 60076标准15%。该成果不仅打破欧美企业长达20年的技术垄断，更构建起完整的自主知识产权体系，标志着我国在电力装备领域实现从"技术引进"到"标准引领"的跨越式发展，彰显出"高水平科技自立自强"战略导向。项目团队党员占比达65%，通过设立"党员先锋岗"推动关键技术突破，体现了"党建与科研深度融合"的创新方法论。

知识目标

1. 了解变压器试验概述。
2. 掌握变压器空载试验。
3. 掌握工频耐压试验。
4. 掌握感应耐压试验。
5. 掌握负载损耗及短路阻抗试验。
6. 掌握雷电冲击试验。
7. 掌握油绝缘试验。
8. 掌握温升试验。
9. 掌握短路试验。
10. 掌握油箱密封试验。
11. 掌握油箱机械强度试验。

能力目标

1. 具备独立操作与数据分析能力。
2. 能规范使用直流电阻测试仪、局部放电检测仪等设备完成试验。
3. 能够根据试验数据判断设备性能，例如通过短路阻抗测量结果评估变压器抗短路能力。
4. 解决试验中的典型问题，如负载试验中低功率因数导致的测量误差修正。

素养目标

1. 培养安全责任与团队协作意识。
2. 严格遵守高压试验安全规程，例如耐压试验前需确认接地可靠性。
3. 在复杂试验中分工协作，如温升试验需同步监测油温、绕组温度和环境参数。
4. 践行绿色发展理念，优先选用环保型绝缘油并规范处理试验废弃物。

任务一　概述

变压器试验概述

变压器试验的主要目的是判定变压器在运输、安装过程中和运行中是否受到损伤或发生变化，以及验证变压器性能是否符合有关标准和技术条件的规定。

变压器试验的判断原则是与出厂试验和历史数据比较，有关标准和技术条件的各项条款试验判据也是依据这一原则制定的。

任务二　变压器空载试验

6.2.1　试验目的

测量变压器的空载损耗和空载电流；验证变压器铁芯的设计计算、工艺制造是否满足有关标准和技术条件的要求；检查变压器铁芯是否存在缺陷，如局部过热、局部绝缘不良等。

6.2.2　试验方法

（1）对试品各绕组中的一侧绕组（一般为低压绕组）线端施加额定频率的额定电压（应尽可能为对称的正弦波电压），其他绕组开路。

（2）如果施加电压的绕组是带有分接开关的，则应使分接开关处于主分接的位置。

（3）如果试品中有开口三角形连接绕组，应使其闭合。

（4）运行中的地电位处（分级绝缘变压器的中性点、铁芯、拉带等）和油箱或外壳应可靠接地。

变压器空载试验接线原理图如图 6.1 所示。

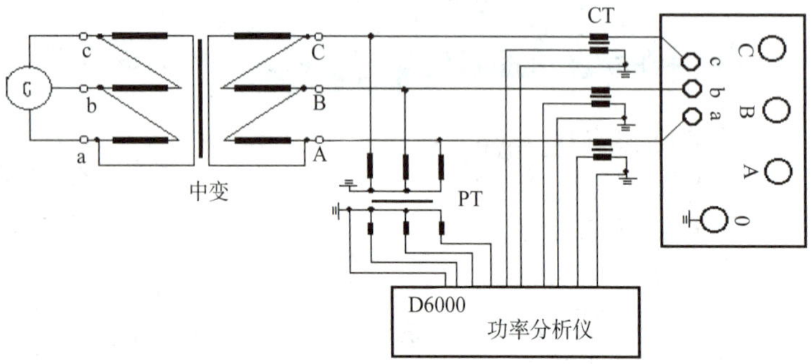

图 6.1　变压器空载试验接线原理图

6.2.3　应注意问题

（1）空载损耗和空载电流测量结果判定准则（国标要求）：空载损耗允许偏差为+15%（且总损耗不大于+10%），空载电流允许偏差为+30%。

（2）空载损耗和空载电流测量结果判定准则（国家电网要求）：空载损耗不允许正偏差，空载电流允许偏差为+30%。

任务三　工频耐压试验

6.3.1　试验目的

检查绕组对地绝缘和对另一绕组之间的绝缘是否达到国家标准，从而保证变压器的质量。

耐压试验是鉴定绝缘强度最有效的方法，特别是对考核主绝缘的局部缺陷，如绕组主绝缘受潮和开裂、绕组松动、绝缘表面污染等，具有决定性作用。

6.3.2　试验方法

（1）保持稳定的交流电源，频率为工频 50 Hz。

（2）按试验要求正确接线。

（3）逐步调节电压，使电压达到额定值的 40%，然后再均匀缓慢升压，以达到额定试验电压。

（4）在达到额定试验电压后保持 1 min，然后大约在 5 s 钟内降低电压为额定试验电压的 25%或更小，再切断电源。严禁不降低电压而直接切断电源（在高压下切断电源会引起操作过电压，进而损坏变压器）。

6.3.3　应注意问题

（1）必须遵守交接和防护性试验电压标准，见表 6.1。

表 6.1　油浸式变压器的交流耐压试验电压

绝缘等级（kV）	0.525	3	6	10	15	20	35
出厂试验电压（kV）	5	18	25	35	45	55	85
交接大修后试验电压（kV）	4	15	21	30	38	47	72

（2）变压器在试验前必须静放一段时间，使油中的气泡逸出。35 kV 及以下变压器注油后，要静放 24 h；60~110 kV 变压器注油后，要静放 36 h，才能试验。

（3）试验前要检查放气塞是否放气，以免油箱中有残留的空气存在，进而造成试验时发生放电。

（4）试验时被试绕组短接，非被试绕组短接并和铁芯及油箱一起接地，试验电压施加于被试绕组和地之间。

（5）仔细观察耐压试验过程中电流的变化，判断变压器性能。

6.3.4　变压器耐压试验的耐压标准中绝缘击穿的原因

若变压器绝缘受潮，则在进行耐压试验时会使绝缘击穿。

任务四　感应耐压试验

6.4.1　试验目的

考核试品绕组的匝间、层间、段间及绕组线端对地和相间的绝缘强度。

感应耐压试验应在外施耐压试验后进行。

6.4.2 试验方法

一般采用三相感应法、被试相加电法(非被试相支撑法)、非被试相励磁法(非被试相加电法)。

感应耐压试验通常施加两倍的额定电压,为了减少励磁容量,试验电压的频率应不小于 100 Hz,最好为 150~400 Hz,持续时间 t(不少于15 s)按下式计算:

$$t=120\times f_n/f$$

式中 t——试验时间(s);

f_n——额定频率(Hz);

f——试验频率(Hz)。

6.4.3 应注意问题

(1)被试端的试验电压对地及相间均应符合标准要求,不同频率对应不同持续时间。

(2)感应试验电压倍数一般要达到 2 倍额定电压。

(3)试验过程中试验电压不能出现突然下降。

任务五 负载损耗及短路阻抗试验

6.5.1 试验目的

变压器短路阻抗和负载损耗测量是变压器的例行试验。进行变压器的负载损耗和短路阻抗测量,可以确定这两个重要性能参数是否满足有关标准和技术条件的要求。变压器的短路阻抗也是系统安全运行的重要参数。同时,负载损耗试验也为该产品的温升试验奠定了基础。

6.5.2 试验方法

负载损耗是在变压器一侧绕组中通过额定频率、正弦波形的额定电流,另一侧绕组短路时的损耗。

短路阻抗是在额定频率和参考温度下,变压器一侧绕组中通过正弦波形的额定电流,另一侧绕组短路时的阻抗。

试验时,应在额定频率下,将近似正弦波的电压加在一个绕组上,另一个绕组短路。在施加电压的绕组电流达到额定电流时进行测量,当受到试验设备限制时,可以施加不小于 50%的额定电流,并将测得的负载损耗值乘以额定电流对试验电流之比的二次方,以校正到参考温度。

三相变压器的负载试验要测量三相的电压和电流,并以三相的平均值为准。

按照《电力变压器 第 1 部分:总则》(GB/T 1094.1—2013)标准,油浸式电力变压器的参考温度是 75 ℃。在该标准中规定,变压器的负载损耗和短路阻抗测量要在主分接上进行。当分接范围超过 ± 5%时,应在主分接和两个极限分接测量短路阻抗。

变压器负载损耗及短路阻抗试验接线原理图如图 6.2 所示。

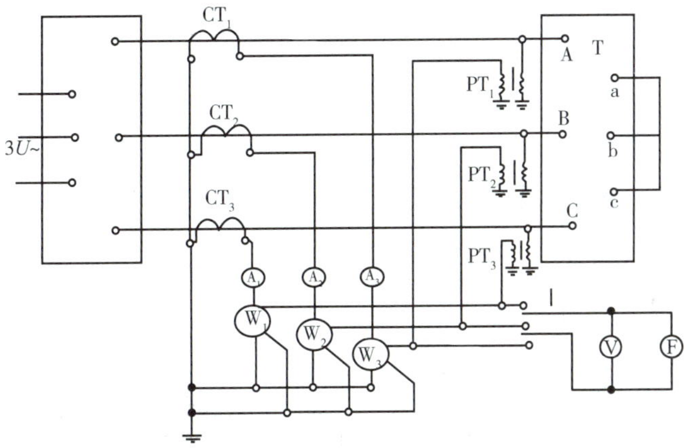

图 6.2　变压器负载损耗及短路阻抗试验接线原理图

6.5.3　应注意问题

（1）国标和国家电网对短路阻抗偏差要求相同，见表 6.2。

表 6.2　国标对短路阻抗偏差要求

短路阻抗		短路阻抗偏差
有两个独立绕组的变压器，或多绕组变压器中规定的第一对独立绕组	主分接	当阻抗值 ≥10%时，± 7.5%；当阻抗值<10%时，± 10%
	其他分接	当阻抗值 ≥10%时，± 10%；当阻抗值<10%时，± 15%
自耦连接的一对绕组，或多绕组变压器中规定的第二对绕组	主分接	规定值的 ± 10%
	其他分接	设定值的 ± 10%
其他绕组对		按协议，但绝对值不小于 15%

（2）国标和国家电网对负载损耗测量结果判定的区别如下：国标规定负载损耗允许偏差为+15%（且总损耗不大于+10%）；国家电网要求负载损耗不允许正偏差。

任务六　雷电冲击试验

6.6.1　试验目的

考核变压器或电抗器的内绝缘（主、纵绝缘）。

变压器和电抗器在运行过程中可能会遭受外部过电压，即大气过电压。当有直接或间接雷的感应使输电线路上有大量雷电流流过时，经过电气设备附近的避雷器动作泄漏大量的雷电流，而雷电流在阀片上的残压就作用于电气设备上，这就是所谓电气设备遭受的外部过电压。

该电压是一个具有一定波头和波尾的脉冲电压。为了模拟这种脉冲电压，以研究和考核变压器和电抗器的绝缘性能，相关标准都把冲击电压定义为一种单极性波形，使用雷电冲击发生器产生此脉冲电压波作用于变压器和电抗器线路端子上来模拟电气设备遭受的外部过电压。

6.6.2 试验方法

6.6.2.1 标准试验接线图

雷电冲击试验标准接线如图 6.3 所示。

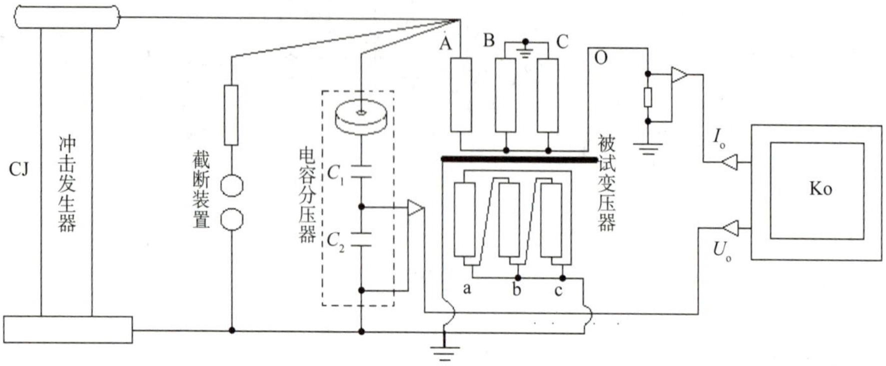

图 6.3 雷电冲击试验标准接线图（以 YN，d11 连接的产品为例）

I_o—中性点电流波形；U_o—电压波形

6.6.2.2 波形参数要求

（1）全波波形如图 6.4 所示 1.2（1 ± 30%）μs/50（1 ± 20%）μs

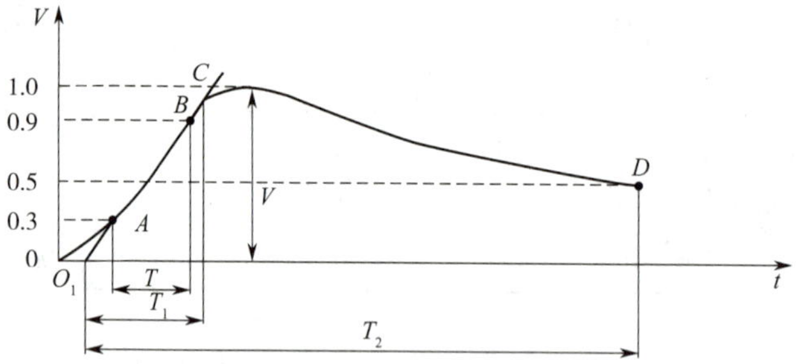

图 6.4 全波波形

图中 O_1——现在原点，A、B 两点连线与 t 轴交点；

T——A、B 两点之间的时间；

T_1——波前时间，T_1=1.67T（O_1、C 两点之间的时间）；

T_2——波尾时间（O_1、D 两点之间的时间）；

V——全波峰值电压。

（2）截波波形如图 6.5 所示，截断时间应在 2~6 μs，过零不大于 30%。

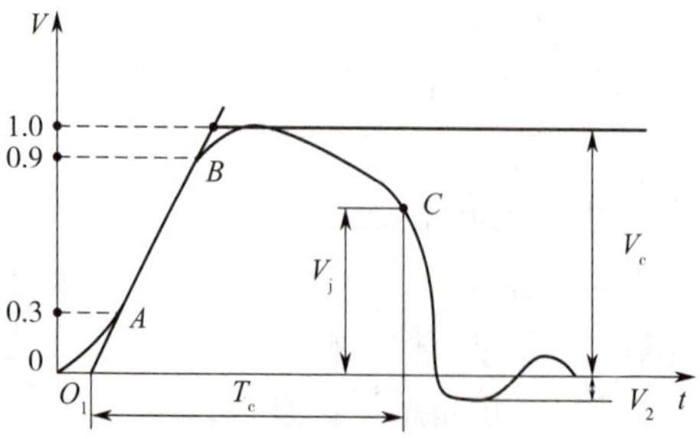

图 6.5 截波波形

图中 T_c——截断时间（O_1、C 两点之间的时间）；

V_c——截波峰值电压；
V_2——截断后过零峰值电压；
$V_2/V_c=K_c$——截波过零分数。

6.6.2.2　试验顺序

(1)线端全波试验：
①一次降低电压的全波冲击；
②三次全电压的全波冲击。
(2)线端全波、截波一起试验：
①一次降低电压的全波冲击；
②一次全电压的全波冲击；
③一次或多次降低电压的截波冲击；
④两次全电压的截波冲击；
⑤两次全电压的全波冲击。
(3)中性点端子试验：
①一次降低电压的全波冲击；
②三次全电压的全波冲击。

6.6.2.4　对不同类型绕组的要求和试验

对不同类型绕组的要求和试验见表 6.3。

表 6.3　对不同类型绕组的要求和试验

绕组类型	设备最高电压 U_m(kV)(方均根值)	试验						
		雷电冲击			操作冲击(SI)	长时 AC(ACLD)	短时 AC(ACSD)	外施 AC
		线端全波(LI)	线端截波(LIC)	中性点全波(LI)				
全绝缘	$U_m \leqslant 72.5$	型式	型式	型式 [b]	不适用	不适用	例行	例行
全绝缘和分级绝缘	$72.5<U_m \leqslant 170$	例行	型式	型式 [b]	不适用	特殊	例行	例行
分级绝缘	$170<U_m<300$	例行	型式	型式	例行 [a]	例行	特殊 [a]	例行
	$U_m \geqslant 300$	例行	型式	型式	例行	例行	特殊	例行

注：a. 如果规定了 ACSD 试验，则不要求 SI 试验，这应在询价订货时说明。
b. 对全绝缘的三相变压器，当中性点不引出时，中性点的雷电全波冲击试验为特殊试验。

6.6.3　应注意问题

(1)选择本体级数应考虑每级电容的充压不超过额定电压的 85%。
(2)对于分级绝缘绕组要采用中性点示伤，以免由于瞬态电压过高使中性点绝缘损坏。
(3)接线不要过长，以免线路电感影响示伤波形。
(4)接入截波装置后，在进行全波冲击时要把截波球隙拉大，以免将全波电压截断。
(5)全电压截波时，尽量保证成功截断，以免由于截波不截而使电压过高，将变压器击穿。
(6)试验电压较高时，在进行全电压试验前应该在 80%电压下重新校验一次试验效率。

（7）试验时，要有专人负责听辨试品有无异常声响和防止有人误入试验区。

（8）产生雷电冲击电压波时，发生器高压端对周围接地物体的最小安全距离按 400 kV/m 考虑。

（9）被试产品铁芯及外壳必须可靠接地，非被试绕组所有端子短路并可靠接地。

任务七　油绝缘试验

油绝缘试验是检测变压器油绝缘性能的重要方法，主要包括以下几个方面。

6.7.1　击穿电压测定法

6.7.1.1　试验目的

检测绝缘油被水和其他悬浮物质物理污染的程度，以及油品干燥和过滤的程度。

6.7.1.2　试验方法

（1）试样在倒入试样杯前，轻轻摇动、翻转盛有试样的容器数次，以使试样中的杂质尽可能分布均匀而又不形成气泡，避免试样与空气不必要的接触。

（2）试验前应倒掉试样杯中原来的绝缘油，用仪器所带的塞尺调整电极的间隙到（2.5 ± 0.05）mm，注意不可过紧，以免损伤电极的蘑菇端面。调整好后立即用待测试样清洗杯壁、电极及其他各部分，再缓缓倒入试样，并避免生成气泡。最后将试样杯放在测量仪上。

（3）按照操作规程操作仪器并开始加压，第一次加压在装好试样并检查完电极间无可见气泡 5 min 后进行，在电极间按（2.0 ± 0.2）kV/s 的速率缓慢加压至试样被击穿，击穿电压为电路自动断开（产生恒定电弧）或手动断开（可闻或可见放电）时的最大电压值，并记录击穿电压值；达到击穿电压至少暂停 2 min 后，再进行加压，重复 6 次。注意，电极间不要有气泡，若进行搅拌，在整个试验过程中应一直保持。

（4）计算 6 次击穿电压的平均值，并将此平均值作为试验结果，以千伏（kV）表示。

（5）判断标准见表 6.4。

表 6.4　击穿电压判断标准

击穿电压（kV）	变压器电压等级						
	判断标准	≤35 kV	110 kV	220 kV	330 kV	500 kV	≥750 kV
	国标	≥35	≥35	≥40	≥50	≥60	≥70
	企标	≥50	≥50	≥55	≥60	≥70	≥70

6.7.1.3　应注意问题

影响绝缘油击穿电压的因素较多，不在同一试验条件下进行的试验测试结果不具有可比性，并带来误差，如电极形状和大小、电极之间距离（相关标准 2.5 mm，其他油按材质单据或相应 IEC 标准执行）、升压速度和方式、油杯形状和容量、温度（客观影响，不稳定因素）。

（1）试验地点周围无强磁场和机械振动的干扰。

（2）电极工作面应光洁、无污染。

（3）内、外电极应保持同心，间隙距离要均匀，内电极打不开时，不应野蛮操作。

（4）注入油杯内的油样应清洁、无气泡。

6.7.2　水分含量测定法

6.7.2.1　试验目的

检测绝缘油被水污染的程度，以及油品过滤的程度。

6.7.2.2　试验方法

微量水分测定法（库仑法）是一种电化学法，它是将库仑计与卡尔-费休滴定法结合起来的分析方法，根据电解过程消耗的电量求得被测物质的含量。

（1）开启微库仑分析仪，电解卡尔-费休试剂与变压器油混合溶液。

（2）电解混合溶液直至完全平衡，方可试验。

（3）按要求注入 100 μL 纯水，并进行标定，若测试值在 ± 8%内，则标定合格。

（4）从进样口注入油样，直至电解完全至终点，记录试验结果。

（5）判断标准见表 6.5。

表 6.5　水分测量判断标准

微量水分（mg/L）	变压器电压等级						
	判断标准	≤35 kV	110 kV	220 kV	330 kV	500 kV	≥750 kV
	国标	≤20	≤20	≤15	≤15	≤10	≤10
	企标	≤20	≤20	≤15	≤10	≤10	≤10

6.7.2.3　应注意问题

（1）油品中的水分含量与油品的化学组成、温度、暴露在空气中的时间、油的老化程度有关。

（2）油品必须密封取样、密封测定，避免油与空气接触而使潮气侵入。

（3）使用前仔细检查容器，试剂瓶的磨口塞必须能与瓶口密合，以防杂质侵入和溶剂或溶质挥发逸出。检查容器是否有泄漏、磨损现象，标签是否完好和日期是否清晰等，并及时报告发现的任何问题。

（4）使用具有挥发性及扩散性化学品时，必须保证空气流通，尽量避免开盖、使用时间过长。

（5）使用后必须在保证试剂瓶的密闭性后，再放入化学品柜。

（6）所有化学品在使用后必须严格登记用量和存储状况。

6.7.3　介质损耗因数测定法

6.7.3.1　试验目的

衡量绝缘油受污染程度，以及油品过滤的程度。

6.7.3.2　试验方法

（1）按照相关标准进行取样，保证油样不受污染、不受潮，且密封避光保存；样品存放时间应尽可能短，一般不超过两个星期。除特殊要求外，在试验前不需过滤及干燥等处理。

（2）装好检测单元，保证电极和油杯干净、干燥、无污染。

（3）进行空杯测试，空杯介质损耗值小于 0.000 1 时设备待用，否则擦拭、清洁、烘干油杯和电极直至合格。

（4）开启测试仪，用注样器准确抽取 40 mL 样品油注入油杯，放好电极，连接测试线和温度探测器，进行测试。

（5）测试结束后读取并记录试验数据。

（6）判断标准见表 6.6。

表 6.6　介质损耗因数判断标准

介质损耗因数 tan δ	变压器电压等级						
	判断标准	≤35 kV	110 kV	220 kV	330 kV	500 kV	≥750 kV
	国标	注入设备前 ≤0.005，注入设备后 ≤0.007				≤0.005	≤0.005
	企标	≤0.004	≤0.004	≤0.003	≤0.003	≤0.002	≤0.002

6.7.3.3　应注意问题

（1）仪器使用前应确保可靠接地。

（2）样品取样及保存过程中应避免光照、污染、受潮。

（3）试验前应认真清洁检测单元，以减小试验误差。

6.7.4　气相色谱测定法

6.7.4.1　试验目的

测定绝缘油中溶解气体组分含量，为变压器故障分析提高依据。

溶解气体分析是指对溶解在油中的气体组分与含量，通过分析变压器油中的特定气体（如 CO_2、CO、H_2、C_2H_2 等），从而确定其绝缘性能。

6.7.4.2　试验方法

（1）按要求采集充油电气设备中的油样。

（2）脱出油样中的溶解气体。

（3）用气相色谱仪对气样进行分离、检测，最后由数据处理器进行转换、记录、计算。

（4）判断标准见表 6.7。

表 6.7　溶解气体判断标准

对出厂和新投运设备气体含量的要求（ppm）			
气体	变压器和电抗器	互感器	套管
H_2	<10	<50	<150
C_2H_2	0	0	0
C_1+C_2	<20	<10	<10
变压器、电抗器和套管油中溶解气体注意值（ppm）			
设备	气体组分	含量	
		330 kV 及以上	200 kV 及以下
变压器和电抗器	C_1+C_2	150	150
	C_2H_2	1	5
	H_2	150	150

6.7.4.3 应注意问题

（1）严格按密封方式取样。

（2）平衡气有专用气瓶。

（3）振荡完毕后，气样应尽快进行试验，以免气样回溶。

（4）气相色谱仪基线稳定、灵敏度高。

（5）密闭操作，提供良好的自然通风条件；操作人员必须经过专门培训，严格遵守操作规程；防止气体泄漏到工作场所的空气中，远离易燃、可燃物；搬运时轻装轻卸，防止钢瓶及附件破损；配备泄漏应急处理设备。

（6）若发生泄漏，迅速撤离泄漏污染区人员至上风处，并进行隔离，严格限制出入；建议应急处理人员戴自给正压式呼吸器，穿一般作业工作服；尽可能切断泄漏源，合理通风，加速扩散；如有可能，即时使用；漏气容器要妥善处理，修复、检验后再用。

任务八 温升试验

6.8.1 试验目的

此试验为型式试验，通过试验验证变压器在额定工作状态下，主体所产生的总损耗与散热器装置热平衡的温度是否符合有关标准的规定，并验证产品结构的设计合理性，确定液体箱和结构件上是否有局部过热的现象，具体包括：

（1）测定在稳态条件及总损耗下的顶层液体温升和液体平均温升；

（2）测定在额定电流及按上述测定的液体平均温升下的绕组平均温升；

（3）测定在额定电流及按上述测定的顶层温升下的绕组热点温升。

6.8.2 试验方法

给变压器施加在总损耗下的电流，模拟变压器在额定负载下运行，利用短路法产生的损耗使变压器的温度上升到一定的高度，通过散热器和周围的冷却介质使变压器的温升在长时间负载运行下达到平衡，最后测量其温升限值。

具体试验方法包括直接负载法、相互负载法、循环电流法、零序法、短路法。考虑到试验的简便和灵活，一般采用短路法进行试验，试验接线如图 6.6 所示。

试验分两个阶段运行。

第一阶段，施加总损耗，可以测定顶层液体温升和液体平均温升。温升试验时，顶层油的温升宜维持在预估最终温升值 80%以上至少 8 h；试验中，要监测顶层液体和冷却介质的温度，直到液体的温升稳定为止，当顶层液体温升的变化率小于 1 K/h，并至少维持 3 h 时，该试验阶段可以结束；试验最后 1 h，每 10 min 测量并记录温度值，或使用自动连续记录装置取最后 1 h 内的平均值作为试验结果。

第二阶段，施加额定电流。顶层液体温升测定后，立即将试验电流降至额定电流继续试验；额定电流持续施加 1 h，在此期间应至少每间隔 5 min 记录一次顶层液体、绕组热点（如果测量）和外部冷却介质温度，并连续记录；施加额定电流 1 h 结束后，应迅速切断电源和打开短路接线，测量两个绕组的电阻；最后根据绕组电阻的变化，并考虑电流降到额定电流时液体温度的降低以及外部冷却介质温度的变化来确定变压器两个绕组的平均温度。

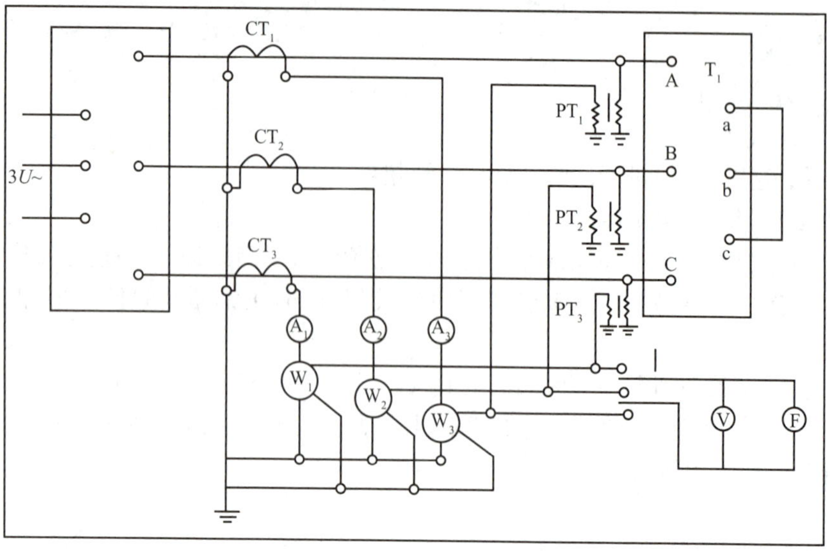

图 6.6 温升试验接线图

各部分温升限值见表 6.8。

表 6.8 各部分温升限值

不同部分		温升限值(K)
顶层绝缘液体		60
绕组平均(用电阻法测量)	ON 及 OF 冷却方式	65
	OD 冷却方式	70
绕组热点		78

6.8.3 应注意问题

(1)如果是三绕组变压器,则施加总损耗是在最大一对绕组上进行试验,待测值稳定后,重新在另一对绕组上施加额定电流 1 h,并测量其电阻值,最后根据电阻值,计算其绕组温升。

(2)试验过程中,要用温度点温仪监测变压器的液体箱温度以及散热器温度,以及是否有局部过热或散热器有憋气而绝缘油循环不畅的地方。

任务九 短路试验

6.9.1 试验目的

变压器短路试验用以测量变压器的短路阻抗和绕组损耗,以及铜耗和阻抗电压。此外,短路试验还能发现一些潜在的缺陷,如由于漏磁通导致的附加损耗过大、局部过热等问题,从而确保变压器安全运行。因此,短路试验是变压器制造、安装、维修过程中不可或缺的一个环节。

6.9.2 试验方法

(1)从试验所需电源和测量仪表考虑,一般都在高压侧加电压,低压侧短路。高压绕组端头经调压器接入电源，试验电流为高压侧的额定电流，数值较小，而且测得的阻抗电压是高压侧的，数值较大，比较准确。

（2）进行短路试验时，用调压器将外加电压由零逐步增大，同时密切注视电流表读数，待达到高压绕组的额定电流时，立即停止升压，并记录下 I_k、P_k 和 U_k。大型变压器也可在降低电流的情况下进行试验，但最低不应低于额定电流的 25%。根据负载损耗与电流平方成正比，阻抗电压与电流成正比，便可计算额定电流时的短路参数值。

6.9.3　应注意问题

（1）利用电网高压电源进行试验时，应遵守有关的安全规程和现场运行规程。

（2）测量用串联的电流互感器时，应考虑故障时动势稳容量不够可能造成损坏的保护措施，其外壳和低压绕组的接地一端必须可靠接地。测量仪表和测量回路对高压部分应保持足够的安全距离，载流引线必须有足够的载流量。

（3）测量仪表的准确度应不低于 01 级，互感器的准确度应不低于 02 级。对于较大容量变压器损耗功率的测量，应使用低功率因数的功率表。

（4）短路试验时，应使二次绕组短路的接线尽可能短，其截面应不小于出线端子的截面，接头的接触电阻应尽可能小。大型变压器短路试验时 $\cos\varphi \leqslant 0.05$，应选用低功率因数功率表测量损耗。试验时间应尽量缩短，以防绕组发热影响试验的准确性。

（5）试验中若发现表计指示异常或被试变压器有放电声、异常响声、冒烟、喷油等情况，应立即停止试验，断开电源检查原因，在没有查明原因并予以恰当的处理前，不得盲目再进行试验。

任务十　油箱密封试验

6.10.1　试验目的

检测变压器油箱和充油组部件本体及装配部件的密封性能，防止运行时渗漏油的发生，以及防止变压器主体在运输时漏气、漏油或进水而引起变压器受潮。

6.10.2　试验方法

试验前连接好试验管路，紧固试漏系统的所有固件，在油箱或储油柜顶部安装压力表，并擦净油箱及充油组部件的外表面，以便在试漏过程中观察渗漏油情况。打开注油系统通向变压器及变压器组部件的所有阀门，并打开吸湿器连管的盖板（中、小型变压器打开储油柜上部放气塞），向变压器内注入变压器油至规定油面高度。然后可采用吊罐油柱法和充气加压法进行试验。

吊罐油柱法是利用吊罐油柱的静压力来达到要求的试漏压力的方法。从油箱底部连接好吊罐，关闭储油柜与油箱间的阀门，打开吊罐与油箱间的所有阀门，利用垂直的吊罐油面压力给变压器油箱及组部件施加一个静压力，吊罐油柱的高度可由试漏压力计算得出。

充气加压法是利用向储油柜胶囊内或储油柜油面上充入一定压力的干燥气体来达到要求的试漏压力的方法。将储油柜内油面调整到规定高度，通过吸湿器连管上安装的充气装置或在储油柜放气塞外装的气门，向储油柜的胶囊内或储油柜内充入干燥空气或氮气，通过压力传递向油箱及组部件施加油压，注意充气速度不要过快，当压力表指示达到规定值时关闭阀门。

6.10.3　应注意问题

（1）观察期间油箱各处不应出现渗漏油现象，如有渗漏应重新修理并重新试验。

（2）储油柜如有管式仪表，试验时游标下端应堵住。

任务十一　油箱机械强度试验

6.11.1　试验目的

变压器油箱机械强度试验是非常重要的一个环节，可以有效评估油箱的机械强度，提高变压器的安全性能。

6.11.2　试验方法

油箱机械强度试验包括真空强度试验和正压机械强度试验。

（1）试验准备：首先将油箱放置平稳，并连接好真空泵或压缩空气及试验管路，在油箱上安装合适量程的压力表或真空表，按规定紧固箱沿和法兰盖板的螺栓。

（2）测试点的选择：测试点一般选在强度比较薄弱、变形比较大的位置，测试点的具体数量可根据油箱的结构、大小及加强铁的数量按如下规定确定。

① 高、低压侧：一般在油箱高度方向的中部箱壁和加强铁上至少各取 3 个测试点，带盒壁结构的油箱需在盒壁上至少选择 1 个测试点。

② 箱顶：根据不同结构或变形有特殊要求的，选择易变形的位置作为测试点，对于平顶式油箱应在箱盖中部或其他薄弱部位至少选取 2 个测试点。

③ 两侧端面：是否选择测试点可根据油箱宽度及加强铁确定，对于宽度较大、加强铁较少的油箱可取测试点进行测试。

（3）测试基准线：在每个被测试面拉细绳作为测试基准线，在测试点的两端将细绳固定好，注意基准线的固定不可随油箱的变形而移动。

（4）初始值的确定：试验时一般先进行真空强度试验，然后进行正压强度试验；在试验前，为释放焊接应力可先对油箱进行真空预抽，使之消除一定的变形应力；预抽解除后，用钢板尺测量测试基准线到油箱上各测试点的距离，将此数值作为真空强度试验的初始值；预抽真空度可根据油箱的大小由企业自行制定；真空强度试验后，油箱恢复变形后的测量值为正压强度试验的初始值。

（5）试验数据的获得：试验压力和时间按《浸油式电力变压器技术参数和要求》（GB/T 6451—2023）的规定确定；当达到规定的试验压力和时间时，用钢板尺测量测试基准线到各测试点的距离，该数值与它的初始值之差为测试点的弹性变形量；解除正压或真空后再次进行测量，此数值与它的初始值之差为测试点的永久变形量。

（6）结果的判定：油箱的弹性变形量与允许变形量应符合企业有关条件的规定，如果弹性变形量与允许变形量在规定范围内，则油箱的机械强度试验合格；如果超出规定，应对油箱进行加固，并重新按上述规定试验。

6.11.3　应注意问题

（1）油箱的所有紧固件必须装配齐全且要紧固到位。

（2）整个试验应指派专人监视，在试验过程中应随时观察压力表和真空表的指示值以及油箱的变形量，特别是正压强度试验时应控制压力不得超过规定值；如发现油箱有异常变形或声音，应立即停止试验并查找原因；正压强度试验时不要在油箱附近长时间停留，随时注意安全。

【任务实施】

根据项目任务书和项目完成报告进行任务实施，见表 6.9 和表 6.10。

表 6.9　项目任务书

<table>
<tr><td>任务名称</td><td colspan="3">变压器试验的认知</td></tr>
<tr><td>小组成员</td><td colspan="3"></td></tr>
<tr><td>指导教师</td><td></td><td>计划用时</td><td></td></tr>
<tr><td>实施时间</td><td></td><td>实施地点</td><td></td></tr>
<tr><td colspan="4">任务内容与目标</td></tr>
<tr><td colspan="4">1. 熟悉变压器空载试验；
2. 掌握工频耐压试验；
3. 掌握感应耐压试验。</td></tr>
<tr><td>考核项目</td><td colspan="3">1. 变压器空载试验
2. 工频耐压试验
3. 感应耐压试验</td></tr>
<tr><td>备注</td><td colspan="3"></td></tr>
</table>

表 6.10　项目任务完成报告

<table>
<tr><td>任务名称</td><td colspan="3">变压器试验的认知</td></tr>
<tr><td>小组成员</td><td></td><td></td><td></td></tr>
<tr><td>具体分工</td><td></td><td></td><td></td></tr>
<tr><td>计划用时</td><td></td><td>实际用时</td><td></td></tr>
<tr><td>备注</td><td colspan="3"></td></tr>
<tr><td colspan="4">1. 简述变压器负载损耗及短路阻抗试验。
2. 简述变压器雷电冲击试验。
3. 简述变压器油绝缘试验。</td></tr>
</table>

【任务评价】

根据项目任务综合评价表进行任务评价，见表 6.11。

表 6.11　项目任务综合评价表

任务名称：　　　　　　　　　　　　　　　　　　　　　　　　测评时间：　　年　　月　　日

考核明细		标准分	实训得分								
			小组成员								
			小组自评	小组互评	教师评价	小组自评	小组互评	教师评价	小组自评	小组互评	教师评价
团队60分	小组成员是否能在总体上把握学习目标与进度	10									
	小组成员是否分工明确	10									
	小组成员是否有合作意识	10									
	小组成员是否有创新想（做）法	10									
	小组成员是否如实填写任务完成报告	10									
	小组成员是否存在问题和具有解决问题的方案	10									
个人40分	个人是否服从团队安排	10									
	个人是否完成团队分配任务	10									
	个人是否能与团队成员及时沟通和交流	10									
	个人是否能够认真描述困难、错误和修改的地方	10									
合计		100									

【知识巩固】

1. 简述变压器温升试验。
2. 简述变压器短路试验。
3. 简述变压器油箱密封试验。
4. 简述变压器油箱机械强度试验。

项目七　变压器的运输、安装和检修

科技报国践行党的二十大精神：自主创新突破关键核心技术壁垒

党的二十大报告明确提出"坚持创新在我国现代化建设全局中的核心地位"与"加快实现高水平科技自立自强"。在此战略引领下，中国特高压技术团队攻克复合套管密封技术世界性难题，打破欧美企业长达20年的技术垄断，使国产特高压变压器成本降低40%，有力支持"西电东送"国家战略，实现核心技术"从受制于人到自主可控"的根本转变。这一实践深刻激发了学生"把核心技术掌握在自己手里"的产业报国信念。

知识目标

1. 了解变压器运输。
2. 熟悉变压器的现场安装。
3. 掌握变压器的维护故障分析与判断。
4. 掌握变压器故障修理。

能力目标

1. 制定运输方案能力：能根据变压器尺寸、重量设计装车固定与路线规划。
2. 执行安装操作能力：熟练完成本体就位、附件安装、真空注油等关键步骤。
3 故障诊断能力：运用三比值法、局部放电试验等技术判断故障性质。
4. 实施修理能力：规范开展铁芯接地修复、油枕密封更换等操作。

素养目标

1. 安全责任意识：严守《电业安全工作规程》，执行"一人操作、一人监护"制度。
2. 团队协作精神：在吊装、注油等高风险作业中明确分工、高效配合。
3. 技术创新思维：利用数字化工具优化检修流程(如红外热成像检测)，提升运维效率。
4. 可持续发展理念：贯彻"绿色检修"原则，实现变压器油循环。

任务一　变压器的运输

变压器运输要求

7.1.1　运输方式

若变压器在 80 t 以下，一般带油运输，并在油箱内油面以上空间充以干燥空气；若变压器在 80 t 及以上，一般不带油运输，并充以干燥气体（空气或者氮气），以保持器身和绝缘的干燥；充气运输的变压器，油箱内应保持正压，其压力为 0.01~0.03 MPa。变压器运输如图 7.1 所示。

图 7.1　变压器运输

7.1.2　运输监控

变压器运输前，对于变压器运输方式改变和在用户平台卸载的对比性试验必须先做。这些试验和检查必须包括以下内容：

（1）铁芯对地的绝缘电阻（摇表）；

（2）如果可能，要进行运输中油的含水量（ppm）和电气强度（kV）试验。

（3）如果可能，要检查压力表的读数。

任务二　变压器的现场安装

变压器现场安装时，要遵循产品的安装手册，产品安装手册一般包括以下内容。

7.2.1　安全标志

安全记号旨在警告某些可能的人身伤亡或财产损失，它们被插入安装手册正文中重要的地方。安全记号通常冠以以下三种加黑冒险标志之一的标题：

（1）危险，即直接会导致严重的人身伤亡或财产损失；

（2）警告，即可能导致严重人身伤亡或财产损失的冒险或不安全行为；

（3）注意，即可能导致轻微人身伤害或财产损失的冒险或不安全行为。

7.2.2　安装操作环境

变压器安装步骤

变压器内部部件必须保证不受污染且干燥，以免影响变压器的安装运行。这些变压器制造和运输的规则在安装时也必须遵守。在严寒气候或可能引起变压器内部表面结露、外部环境条件不具备的情况下，不应打开变压器。

在变压器正常安装过程中，应最好避免人或工具进入变压器油箱内，且严禁穿着脏或湿的衣服进入变压器，应穿干净的布鞋或橡胶鞋。

带入变压器的所有工具、设备及材料应列出，以便出来时检查、核对。工具必须具有坚硬的表面，以防止使用时碎裂，而且表面不能有油漆或电镀层类的物质，将工具表面擦亮或使其发黑是最好不过的。为防止在使用时意外脱落，所有工具的可卸部分必须双面铆合，而可动部分必须打桩挡住或者将螺纹末端焊牢。锤子、螺丝刀之类的工具必须有一个端部，手柄最好是塑料或玻璃钢浇铸而成的。如果手柄是木制的，必须用木头或塑料楔夹住。工具上的铭牌或标签必须去掉，如果需用铭牌加以区别，则必须使用非金属的或用绝缘胶带把铭牌缠好。

当变压器打开时，应清除口袋内所有物品，检查松散的东西，并取下手表、项链等物饰，否则绝不允许进入变压器。进入变压器里面操作时，必须用干燥空气进行通风换气，且所用干燥空气的露点必须低于-40 ℃，并且足够维持油箱内操作人员的空气流通。

变压器内部装配相关注意事项如图 7.2 所示。

6　内部装配

6.1　概述

当吊装变压器时，应防水分或脏物进入变压器或变压器内结露。对变压器进行安装时，必须遵循本公司制度和当地法规。

警　告

当变压器是充氮运输时，在进入变压器前必须用干燥空气替换氮气。进入变压器时，变压器中氧气含量至少为19.5%。

排氮时，建议用真空泵抽走所有氮气，并再用干燥空气取代真空。

小　心

确定变压器内部气压为零，才能打开人孔盖。

移走观察孔盖，打开变压器，一次只打开一个观察孔盖为好，并要求在打开处盖上干净的塑料布或防水帆布。

图 7.2　变压器内部装配相关注意事项

7.2.3　架空线式变压器安装

架空线式变压器主要用于户外，安装维护比较方便，如图 7.3 所示。

图 7.3　架空线式变压器

任务三　变压器的故障修理

7.3.1　变压器小修（不吊心检修）

7.3.1.1　小修目的

消除变压器在运行中出现的一些缺陷，以保证变压器能安全可靠运行。

7.3.1.2　检修期限

检修期限为一年一次。

7.3.1.3　检修前的准备工作

（1）收集变压器在运行中存在并已被发现的缺陷项目，并逐个分析，确定在小修中能消除的缺陷项目。

（2）确定检修的特殊项目。

（3）制订检修的技术措施。

（4）设备和器材的准备。

7.3.1.4　小修项目

（1）检查导电排，确定螺栓有否松动、接头是否过热等。

（2）检查绝缘套管，清扫瓷裙，确定有否放电痕迹、有否破损等。

（3）检查防爆管，确定防爆膜是否完好。

（4）检查气体继电器，确定有无漏油、阀门是否正常、绝缘是否良好。

（5）检查油枕，确定油面和油色是否正常，清理集污盒，更换失效的吸湿剂（变压器油应为黄色透明，若为深褐色，则不正常）。

（6）检查冷却系统，确定焊缝有否渗漏油、各部件是否完好。

（7）对变压器各部位，如本体、净油器、充油套管等处，均取油样做电气绝缘强度试验和化学简化试验。

（8）测量上层油温的温度计应拆下进行校验，并检查测温管内是否充满变压器油；为了监视中、小型电力变压器的温度，温度计应安装在变压器合适的位置，以便观看其温度是否过高。

（9）清扫变压器的箱壳，检查有否渗漏油。

（10）做变压器绝缘预防性试验，预防性试验的主要项目有绝缘电阻及吸收比、直流电阻、介质损耗角以及油质试验等。

所有项目检修完后，必须进行绝缘预防性试验，包括绝缘电阻的测定、泄漏电流的测试、介质损耗角正切值的试验、线圈直流电阻的测试、直流耐压试验、绝缘油的试验（交流耐压试验）。

7.3.2　变压器大修（吊心检修）

7.3.2.1　大修目的

消除变压器运行中已出现的全部缺陷，保证变压器的运行安全可靠。

7.3.2.2　检修期限

检修期限为 5~10 年一次。

7.3.2.3　检修前的准备工作

变压器检修流程

(1)收集变压器的各种缺陷项目。

(2)列出特殊检修项目。

(3)制订检修的技术措施。

(4)检修用场地和工具的准备。

(5)检修人员的组织。

(6)检修用器材的准备。

7.3.2.4　大修项目

(1)吊出器身或吊开钟罩检修器身。器身暴露在空气中的时间:当空气相对湿度不超过65%时为16 h;当空气相对湿度不超过75%时为12 h;时间计算从放油开始到开始加油为止。吊器身时,钢绳的夹角应不大于45°,以避免油箱盖板弯曲变形。

(2)检修绕组、引线及磁屏蔽装置。

(3)检修无载分接开关和有载调压开关。

(4)检修铁芯、穿心螺丝、轭梁、压钉及接地片等。

(5)检修油箱、套管、散热管、安全气道和油枕等。

(6)检修冷却器、油泵、水泵、风扇、阀门及管道等附属设备。

(7)检查和试验保护装置、测量装置及操作控制箱。

(8)变压器油的处理或换油。

(9)检修变压器油保护装置(净油器、充氮保护及胶囊等)。

(10)更换密封衬垫。

(11)油箱内部的清洁,油箱外壳及附件的除锈、涂漆。

(12)必要时对绝缘进行干燥处理。

(13)进行规定的测量和试验。

【任务实施】

根据项目任务书和项目完成报告进行任务实施,见表7.1和表7.2。

表7.1　项目任务书

<table>
<tr><td>任务名称</td><td colspan="3">变压器的故障修理</td></tr>
<tr><td>小组成员</td><td colspan="3"></td></tr>
<tr><td>指导教师</td><td></td><td>计划用时</td><td></td></tr>
<tr><td>实施时间</td><td></td><td>实施地点</td><td></td></tr>
<tr><td colspan="4">任务内容与目标</td></tr>
<tr><td colspan="4">1. 熟悉变压器小修(不吊心检修);
2. 掌握变压器大修(吊心检修);</td></tr>
<tr><td>考核项目</td><td colspan="3">1. 变压器小修(不吊心检修)
2. 变压器大修(吊心检修)</td></tr>
<tr><td>备注</td><td colspan="3"></td></tr>
</table>

表 7.2　项目任务完成报告

任务名称	变压器的故障修理		
小组成员			
具体分工			
计划用时		实际用时	
备注			
1. 简述变压器的维护故障分析与判断。 2. 简述变压器故障修理。			

【任务评价】

根据项目任务综合评价表进行任务评价，见表 7.3。

表 7.3　项目任务综合评价表

任务名称：　　　　　　　　　　　　　　　　　　　　　　　　测评时间：　　年　　月　　日

考核明细		标准分	实训得分								
			小组成员								
			小组自评	小组互评	教师评价	小组自评	小组互评	教师评价	小组自评	小组互评	教师评价
团队60分	小组成员是否能在总体上把握学习目标与进度	10									
	小组成员是否分工明确	10									
	小组成员是否有合作意识	10									
	小组成员是否有创新想（做）法	10									
	小组成员是否如实填写任务完成报告	10									
	小组成员是否存在问题和具有解决问题的方案	10									
个人40分	个人是否服从团队安排	10									
	个人是否完成团队分配任务	10									
	个人是否能与团队成员及时沟通和交流	10									
	个人是否能够认真描述困难、错误和修改的地方	10									
合计		100									

【知识巩固】

1. 简述变压器运输。
2. 简述变压器的现场安装。
3. 简述变压器的维护故障分析与判断。
4. 简述变压器故障修理。

项目八　数字化工厂

践行党的二十大精神：绿色转型驱动技术升级与生态责任深度融合

在党的二十大精神指引下，我国变压器行业以“协同推进降碳、减污、扩绿、增长”为行动纲领，加速推进绿色低碳转型。河南某企业研发的植物油变压器，采用菜籽油替代传统矿物油，避免六氟化硫温室气体排放，每年可减少碳排放量2.3万吨。团队中多名来自高职院校的技术骨干，深度参与从生产线调试到环保认证的全流程，用实践诠释了“平凡岗位也能成就生态大义”。

知识目标

1. 了解数字化工厂体系架构。
2. 掌握数字化工厂业务功能描述。
3. 熟悉信息化及自动化产线资源配置。

能力目标

1. 系统规划与集成能力：能够基于企业战略设计数字化工厂蓝图，整合PLM、MES、ERP等系统，实现信息流与物流协同。
2. 数据分析与优化能力：运用实时制造数据（如设备OEE、能耗指标）进行生产瓶颈诊断与工艺参数优化，提升资源利用率。
3. 技术应用与创新能力：结合工业互联网、数字孪生等新技术，开发定制化解决方案（如基于5G的远程运维系统），推动产线智能化升级。

素养目标

1. 社会责任意识：在工厂规划中贯彻绿色制造理念，通过能耗监控与工艺优化减少碳排放，践行可持续发展目标。
2. 团队协作精神：适应跨部门协作模式（如IT与生产部门联合攻关），运用系统工程方法论解决复杂问题。
3. 职业道德与创新思维：坚守数据安全底线（如建立网络防护体系），同时积极探索新技术应用场景（如AI质检），推动行业技术进步。

本章以特变电工京津冀智能科技有限公司（以下简称特变电工）为例，介绍现代化数字化工厂的策划和布局。

2019 年，特变电工在国家京津冀战略要地进行重点布局，计划将京津冀基地打造为支撑特变电工未来 30 年发展的国际商务中心、智能制造中心、科技研发中心、全球供应链中心。西门子公司作为特变电工的全面战略合作伙伴，已经派驻专业团队和特变电工形成联合项目组，以工业 4.0 为核心理念，以智能制造为发展方向，协同开展数字化规划工作。该项目建设完成后，将成为全球领先的集配电变压器、硅钢加工、开关柜、箱式变电站等一系列产业链为一体的数字化示范工厂，将产业链上下游打造成为行业标杆，为推动变压器行业数字化提供有力参考，为离散制造实现数字化提供标准，全面推动中国企业实现数字化转型。

任务一　数字化工厂体系架构

配变数字化工厂体系架构共划分为五个层级，其中第一层级为设备层，合同功能是通过传感器端口的设置，实现设备层级数据的实时交互，为数字化工厂体系架构的搭建提供数据基础和实体架构支撑；第二层级为控制层，主要涵盖 PLC、HMI、SCADA 等功能模块；第三层级为运营层，包括 BI、大数据、APS 等业务模块；第四层级为工厂生产层；第五层级为企业层，如图 8.1 所示。

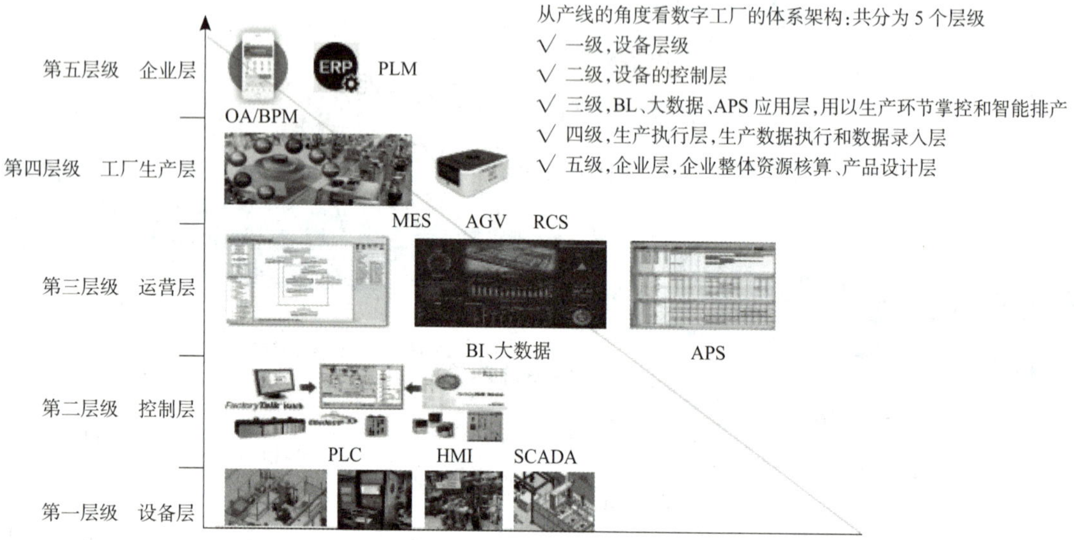

图 8.1　配变数字化工厂体系架构

配变数字化工厂信息系统蓝图主要包括 ERP、PDM、PLM、MES、SCADA、WMS、RCS、BPM、TQMS、BI 等共 10 套系统，这十大系统将全面支撑数字化工厂标准化、一体化、智能化、无纸化以及自动化目标的顺利实现。

任务二　数字化工厂业务功能

武清配变数字化工厂项目按照西门子公司规划理念，将精益化、自动化、信息化作为规划依据，不断迭代优化。秉承智能制造的规划理念，围绕大数据、通信技术和仿真模拟等信息化技术手段，结合自动化设备和智能物流，实现信息化与工业化的深度融合、虚拟世界和现实世界的实时交互，达到降本、提质、增效的智能制造升级目的，发挥数字化工厂核心优势，提升企业综合竞争力。

8.2.1　全流程的三维建模仿真

武清配变数字化工厂项目的数字化工厂整体规划在深度调研的基础上进行全厂全流程的三维建模仿真，系统展示各生产环节和流程节点，规避布局和物流方面的异常和阻滞，最大化地提高全流程的物流和周转效率，如图 8.2 所示。

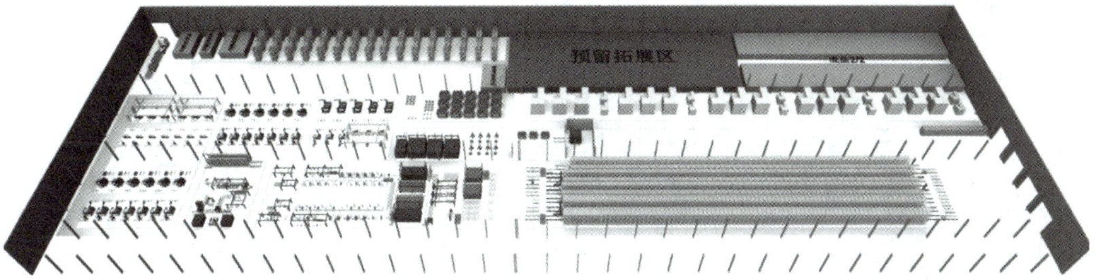

图 8.2　配变数字化工厂三维建模仿真

8.2.2　智能物流体系搭建

在功能分区的基础上，总体规划工厂的智能物流，设计标准料框、专用料架、智能立库、线边库等，构建“小火车+AGV”的物流方式，通过 APS（高级排产模块）、MES（生产管理系统）、WMS（仓库管理系统）、RCS（智能小车调度系统）等联合运作，实现整厂物料的智能存储、智能搬运和智能管控。配置的 RGV 轨道采用模块化设计，适应性强，可根据负载大小确定轨道规格，并对结构进行力学仿真校核，保证轨道规格满足实际要求；在系统上，采用面向多机多任务智能调度的集成管控系统，与 MES、WMS 对接，确保物料可靠、安全、并行输送。其最大优势就是实现物料转运环节“点对点”的精准调度，实现物料快速、准确的精准配送。在前处理区和小装区设置进料口，在分装区和总装区设置出料口，根据 MES 下发的工位生产作业计划进行物料的精准配送。

8.2.3　集成监控调度中心

集成监控调度中心具备人员管理、生产计划管理、物流信息调度、能源管理、质量管理、设备管理等功能模块的图形化实时分析反馈功能，如图 8.3 所示。

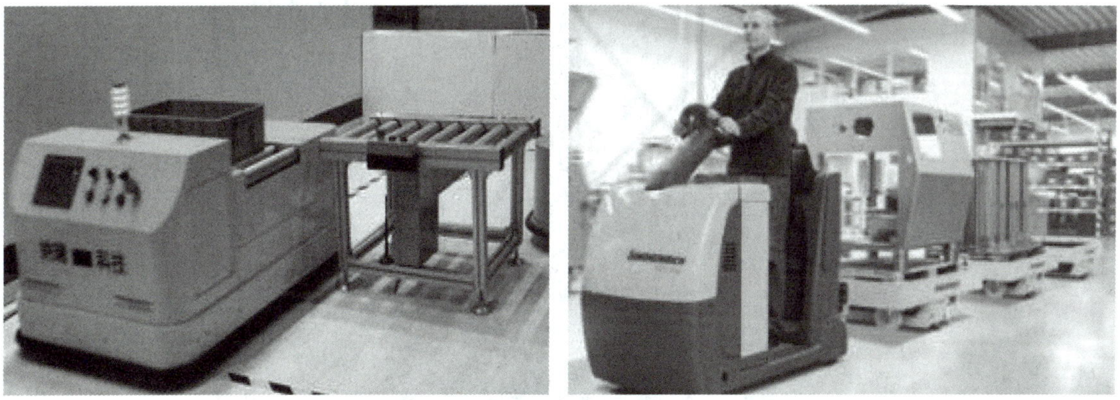

图 8.3　集成监控调度中心

8.2.4 前处理分拣及配送

绝缘件分拣检验区采用齐套管理(Kitting)超市分选方式,并配置双箱,通过看板、亮灯进行工单绝缘件的拣选;然后使用小火车的配送方式按每半个班次的频次进行循环配送,循环取货(Milkrun)形式可保证线边材料箱材料始终保持物料充盈状态,如图 8.4 所示。

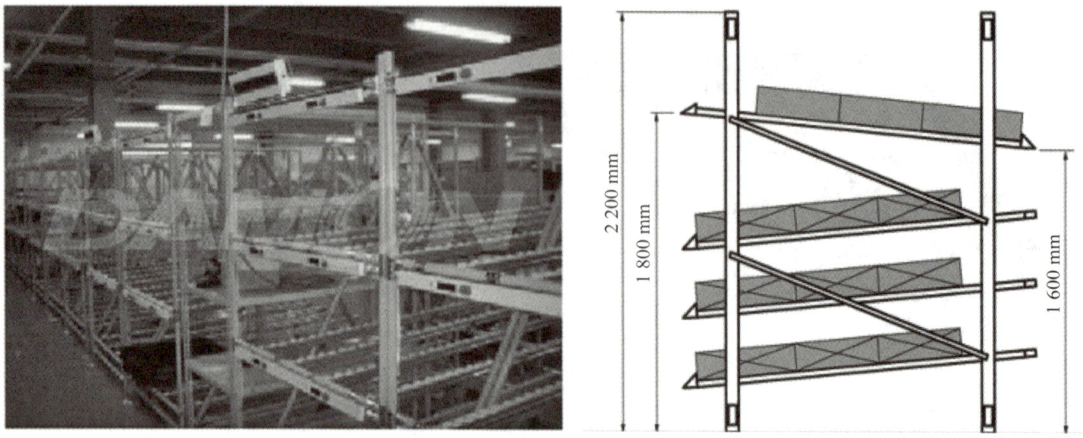

图 8.4　前处理分拣及配送

8.2.5 数字化定扭工具的应用

在配变产品的压装、装配、油箱密封环节拟引入定扭矩扳手替代传统的紧固工具。定扭矩扳手有电动和手动两种类型,由机器人、生产操作者根据不同的使用工况选用。数显定扭矩扳手具备数据的无线传输功能,可预设工作组程序,将各种拧紧要求添加到控制器内,作业时通过扫码直接调取,并存储拧紧结果,上传 MES 系统,实现全流程的螺栓紧固质量特性监测。数字化定扭工具如图 8.5 所示。

图 8.5　数字化定扭工具

8.2.6 配变测试系统监控及信息化平台

配变测试系统监控及信息化平台将原来离散繁杂的配变试验过程改进成试验过程的微机化操作、试验流程的智能系统化管理，其下设机械试验、绝缘试验等10个子系统，贯穿配变生产制造和检试验全过程，实现扫码获取试品信息，自动调用测试程序，自动对测试结果进行判断，自动整理测试数据并上传至MES系统，生成试验报告，极大程度提高劳动效率，节约试验时间，避免漏项，实现信息的及时动态交互及测试过程的历史溯源。

任务三 信息化及自动化产线资源配置

8.3.1 信息化系统功能模块

信息化系统搭建的蓝图规划包括ERP、PDM、MES、RCS、WMS、PLM、TQMS、BPM、BI、SCADA等10套子系统，将在这10套子系统的实施场景当中体现标准化、一体化、智能化、无纸化、自动化、智能运营等，如图8.6所示。

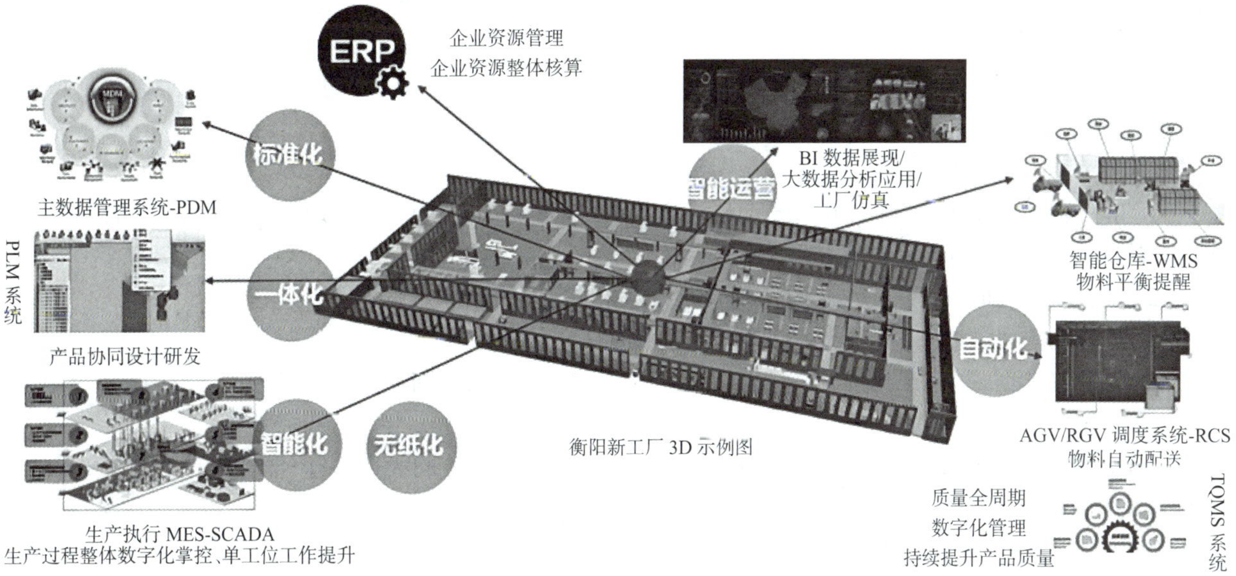

图8.6 信息化系统功能模块

8.3.2 RGV非字型器身引线装配线

按照配变产品器身引线工艺流程及时间分析，将器身引线工序共拆分为10个工步，分别为铁芯上和下、拆装上铁轭、线圈套装、抗短路处理、插片、低压引线、高压引线焊接、高压引线整理、完工检测。依靠RGV非字型线的串联作用，将工序拆分及连接，按工位配置人员、材料、工具，使产线定制性及柔性都得到加强，产线节拍为21.5 min/台，单条产线产能为10 000台/年，如图8.7所示。

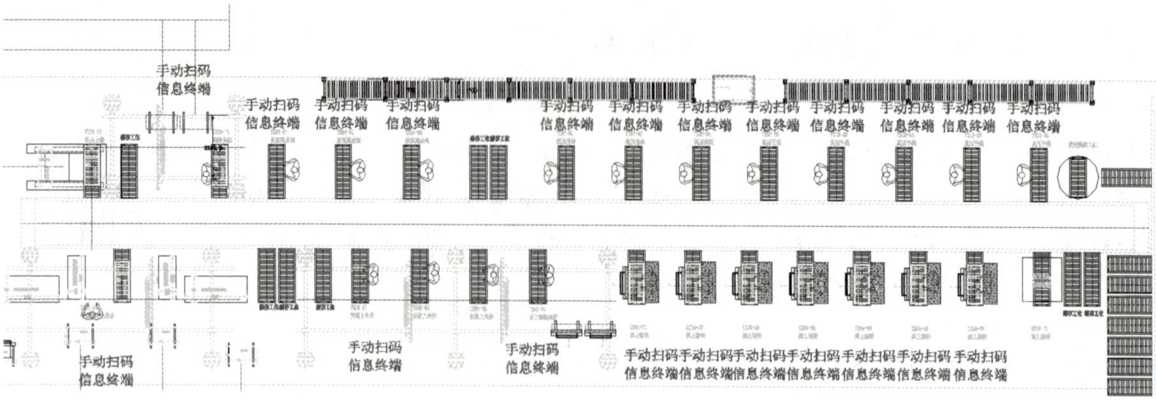

图 8.7　RGV 非字型器身引线装配线

8.3.3　10 kV 智能试验站

实验室可以满足容量 630 kV·A 及以下、电压等级 10 kV 及以下液浸式叠铁芯、液浸式非晶合金配电变压器的例行试验、温升试验与空载励磁特性曲线测量试验、空载电流谐波（项目为选做项目）的自动化智能检测，且要求一次性接线（人工手动接线，预留后期改造机械手自动接线接口与位置）完成所有的试验（可实现计算机自动控制与手动控制并存），若有故障能够自动终止试验并能报警故障项，试验结束后能够自动打印试验报告及铭牌。

信息化集成试验系统实现全过程的智能试验控制、智能数据采集、智能分析，以 10 kV 试验站进行集约化生产试验。

该系统主要功能项目如下：

（1）自动识别产品参数，自动生成试验方案，采用二维码、RFID 等技术，可实时识别被试品设计参数，根据相应标准，自动计算和生成试验方案；

（2）一次接线完成后，自行完成全部试验项目，并采集完整的试验数据；

（3）试验设备通过以太网将试验数据传输至服务器；

（4）服务器根据采集的试验数据，结合设计参数，系统自动生成试验报告，并可分析未通过的试验项目故障原因。

除部分关键步骤需要人工操作外，试验全过程可自动完成，设备间无人值守；试验节拍为 9.25 min/台，可实现 20 000 台/（年·4 人）的试验能力。

10 kV 智能试验站如图 8.8 所示。

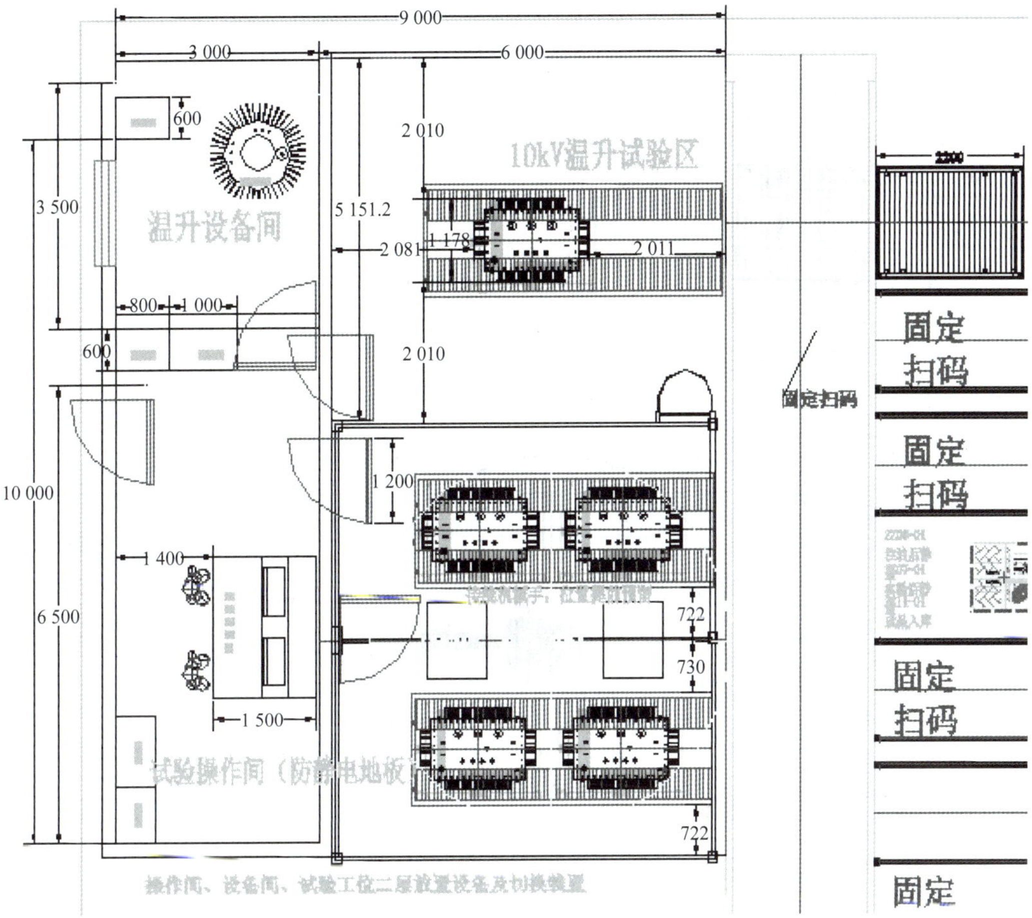

图 8.8　智能试验站

8.3.4　四合一智能立库

由于厂房四周物流限制，规划后油箱、成品及半成品变压器全部围绕四合一立库进行周转，即产品真空注油后进入立库静压静放（采用带无线通信模块的数字压力表监控压力变化），出库试验后回库静放，出库取油后回库静放，成品存放，油箱缓存上线。

以质量检验为核心的智能检测、全流程螺栓质量特性控制、智能检漏等项目的实施，在数字化工厂体系架构下，能够实现智能装备的效益最大化，最大限度提升全流程的数字化管理水平和全员劳动生产作业效率。

【任务实施】

根据项目任务书和项目完成报告进行任务实施，见表 8.1 和表 8.2。

表 8.1　项目任务书

任务名称	数字化工厂的认知		
小组成员			
指导教师		计划用时	
实施时间		实施地点	

续表

任务内容与目标	
1. 熟悉数字化工厂体系架构； 2. 掌握数字化工厂业务功能描述； 3. 掌握信息化及自动化产线资源配置。	
考核项目	1. 数字化工厂业务功能描述 2. 信息化及自动化产线资源配置
备注	

表 8.2　项目任务完成报告

任务名称	数字化工厂的认知		
小组成员			
具体分工			
计划用时		实际用时	
备注			
1. 简述全流程的三维建模仿真。 2. 简述智能物流体系搭建。			

【任务评价】

根据项目任务综合评价表进行任务评价，见表 8.3。

表 8.3　项目任务综合评价表

任务名称：　　　　　　　　　　　　　　　　　　　　　　测评时间：　年　月　日

考核明细		标准分	实训得分								
			小组成员								
			小组自评	小组互评	教师评价	小组自评	小组互评	教师评价	小组自评	小组互评	教师评价
团队60分	小组成员是否能在总体上把握学习目标与进度	10									
	小组成员是否分工明确	10									
	小组成员是否有合作意识	10									
	小组成员是否有创新想（做）法	10									
	小组成员是否如实填写任务完成报告	10									
	小组成员是否存在问题和具有解决问题的方案	10									

续表

考核明细		标准分	实训得分								
			小组成员								
			小组自评	小组互评	教师评价	小组自评	小组互评	教师评价	小组自评	小组互评	教师评价
个人40分	个人是否服从团队安排	10									
	个人是否完成团队分配任务	10									
	个人是否能与团队成员及时沟通和交流	10									
	个人是否能够认真描述困难、错误和修改的地方	10									
合计		100									

【知识巩固】

1. 简述集成监控调度中心。
2. 简述前处理分拣及配送。
3. 简述数字化定扭工具的应用。
4. 简述配变测试系统监控及信息化平台。

项目九　电力变压器选型及应用

智守电网安，责系民生稳——以党的二十大精神引领能源安全保障实践

在党的二十大精神指引下，我国能源行业始终将“统筹发展和安全”作为核心战略。正如党的二十大报告所强调的“加强重点领域安全能力建设，确保粮食、能源资源、重要产业链供应链安全”，国家电网在青藏高原创新部署的 FSVR 自适应调压装置正是这一精神的生动实践。副边电压波动直接影响供电质量，国家电网在青藏高原部署自适应调压装置，保障高海拔地区稳定用电，践行“人民电业为人民”的服务宗旨。突发短路时，变压器需承受百倍额定电流冲击，某企业工程师团队通过 72 小时不间断仿真测试优化变压器抗短路能力，诠释“守护电网安全”的责任担当。

知识目标

- 1. 熟悉电力变压器选型的关键参数。
- 2. 掌握电力变压器选型步骤与计算方法。
- 3. 了解电力变压器在工业/建筑/农业等场景的应用案例。
- 4. 熟悉电力变压器安全操作规程与行业标准。

能力目标

- 1. 具备综合选型与问题解决能力：能根据工程需求（如矿山防爆、城市节地）
- 设计变压器选型方案。
- 2. 熟练分析运行数据（如损耗、温升），优化配置。
- 3. 掌握故障诊断技术（如机械缺陷监测）与维护策略，确保设备安全经济运行。

素养目标

- 1. 强化职业素养与创新意识：树立“安全为本、节能优先”的职业理念。
- 2. 培养团队协作能力（如跨专业协同设计）。
- 3. 关注行业前沿（如智能化、新材料应用），主动探索技术革新路径，践行绿色低碳发展使命。

任务一　电力变压器选型的关键参数

电力变压器选型的关键参数主要包括容量、电压等级、环境条件等。以下是详细说明：

容量：

变压器的容量是其选型的首要考虑因素，通常根据系统的负荷需求和未来的发展规划来确定。例如，220 kV 变电站的主变压器容量和台数的确定原则是确保变电所安全可靠供电和网络经济运行。

随着电力系统的快速发展，变压器的单台容量也在不断提高。例如，我国生产的单台最大容量为 1 000 MVA 的变压器主要用于晋东南电网枢纽工程。

电压等级：

变压器的电压等级应与电网的输电和配电需求相匹配。例如，我国交流输变电电压等级有 10 kV、35 kV、110 kV、220 kV、330 kV、500 kV 等。

特高压直流输电技术的发展对变压器的电压等级提出了更高的要求，如 ±800 kV 特高压直流示范工程和 ±800 kV 特高压直流输电工程。

环境条件：

变压器的运行环境条件对其性能和寿命有重要影响。例如，变压器内部温度的获取是评估其运行状态及性能的重要手段，且直接受环境温度、风及日照等环境因素的影响。

在设计和制造过程中，必须充分考虑变压器绝缘、损耗和温度等问题，以适应不同的环境条件。

其他关键参数：

绝缘性能：随着变压器容量和电压等级的提高，绝缘问题变得越来越重要。例如，油浸式电力变压器的绝缘材料及其应用是确保变压器稳定运行的关键。

抗短路能力：大型电力变压器的抗短路能力是保障电网安全运行的重要指标。例如，通过计算漏磁通及短路电动力，评估变压器的抗短路能力。

温升和散热：变压器的温升和散热性能直接影响其使用寿命和可靠性。例如，通过数值分析方法研究变压器绕组电场、磁场和温度场的分布情况，优化结构设计。

综上所述，电力变压器选型时需要综合考虑容量、电压等级、环境条件等多个关键参数，以确保其在实际应用中的安全、稳定和高效运行。

任务二　电力变压器选型步骤与计算方法

电力变压器选型步骤与计算方法可以总结如下：

9.2.1　选型步骤

确定需求：根据实际用电负荷和系统要求，确定变压器的容量、电压等级、连接方式等基本参数。

初步选型：根据需求选择合适的变压器类型（如油浸式、干式、电子电力变压器等）。

详细计算：进行详细的电气参数计算，包括短路阻抗、漏磁场、杂散损耗、温升等。

性能评估：评估变压器的性能指标，如负载能力、温升、噪声等。

经济性分析：考虑成本、维护费用等因素，选择最优方案。

环境适应性：考虑安装环境对变压器性能的影响，如温度、湿度、海拔等。

最终确定：综合各方面因素，最终确定变压器型号和规格。

9.2.2　计算方法

短路阻抗计算：

使用三维有限元模型计算短路力，确保计算结果的准确性。采用改进的有限元法计算短路阻抗，提高计算精度。

漏磁场和杂散损耗计算：

采用三维非线性涡流场有限元方法进行计算，分析漏磁场及杂散损耗。结合时域分析方法和区域分解法，提高计算精度并减小计算规模。

温升计算：

建立变压器绕组模型，分析绕组内油流特性，采用工程计算方法进行温升工程计算。采用有限体积法（FVM）计算油浸式变压器绕组温度分布。结合有限元法和有限体积法，建立混合数值温度场计算方法。

电磁优化设计：

采用最优化设计方法和计算机辅助设计技术，优化变压器的电磁性能。基于 PDE 工具和磁场能量理论，实现基于 MATLAB 的短路阻抗的计算方法。

噪声计算：

考虑铁芯磁致伸缩效应，建立三维磁-机械强耦合数值模型，计算变压器噪声。

谐波损耗计算：

采用改进参数法、测量法和等值法进行谐波损耗计算，并通过仿真验证计算结果的准确性。

9.2.3　综合性能评估

结合 GB/T 15164-1994 标准，计算热点温度，评估变压器的负载能力。采用有限元法和有限体积法，建立变压器三维电磁-流体-温度场耦合分析方法。通过以上步骤和方法，可以系统地进行电力变压器的选型和计算，确保变压器的性能满足实际需求。

任务三　电力变压器在工业/建筑/农业等场景的应用案例

电力变压器在工业、建筑和农业等场景中的应用案例可以从以下几个方面进行说明：

工业场景：

在工业生产中，电力变压器用于将高压电转换为适合工厂设备使用的低压电。例如，高阻抗变压器可以显著降低系统短路电流，提高电网的安全稳定运行。

工业用电系统中，电力变压器的应用还包括提高电能质量和减少谐波干扰。例如，有源滤波器与电容器相结合的混合抑制方法可以有效抑制变压器中性点直流与谐波地电流，保证系统的稳定运行。

建筑场景：

在建筑电气系统中，电力变压器用于将高压电转换为低压电，以满足建筑内部的照明、空调、电梯等设备的用电需求。例如，建筑电气节能研究中提到，选择节能型变压器和变频器可以显著提高建筑电气系统的能效。

建筑电气照明节能技术中，电力变压器的应用包括合理配置照明灯具和采用高效照明光源，以减少能耗。

农业场景：

在农业领域，电力变压器用于将高压电转换为适合农业设备使用的低压电。例如，农村地区的农业灌溉系统需要稳定的电力供应，电力变压器可以确保灌溉设备的正常运行。

农业用电系统中，电力变压器的应用还包括提高电能质量和减少谐波干扰，以保证农业设备的高效运行。

综上所述，电力变压器在工业、建筑和农业等场景中都有广泛的应用，通过合理选择和使用电力变压器，可以提高系统的能效和稳定性，减少能耗和故障率。

任务四　电力变压器安全操作规程与行业标准

电力变压器的安全操作规程与行业标准是确保电力系统安全、可靠运行的重要保障。可以总结以下几点。

现行标准体系：

电力变压器的相关现行标准包括国家标准、行业标准、地方标准、团体标准和国际电工委员会（IEC）标准等；

国家标准和行业标准是电力变压器设计、制造、安装、运行和维护的基本依据。

安全操作规程：

电力变压器的安装和运行必须严格按照操作规程进行，以确保系统的正常运行和安全；

操作规程包括变压器的安装、调试、运行、维护和检修等各个环节的具体要求。

行业标准的具体内容如下。

DL/T 584—2007《3~110 kV 电网继电保护装置运行整定规程》：规定了变压器高、低压侧后备保护的配合问题，提出了高压侧后备保护与低压侧后备保护的定值灵敏度应配合，且配合系数应不小于 1.15。

DL/T 911—2016《电力变压器绕组变形的频率响应分析法》：对变压器绕组变形的检测方法进行了修订，增加了测试仪基本要求、检测数据导出格式、绕组变形分析流程等内容。

NB/T 41007—2017《交流电弧炉技术导则》：涉及交流电弧炉接入系统公共连接点处的电能质量预评估、变电站电力变压器与电炉变压器的容量匹配等问题。

特殊标准：

《电力变压器用高锰无磁钢板行业标准》：这是我国首次制定的电力变压器用高锰无磁钢板行业标准，已于 2022 年 10 月 1 日正式实施。

《电力变压器油纸绝缘状态评估研究》：研究了变压器油纸绝缘的老化进程，对运行中变压器油纸绝缘的健康状态评估具有重要意义。

综上所述，电力变压器的安全操作规程与行业标准涵盖了从设计、制造到安装、运行、维护和检修的各个环节，确保了电力系统的安全可靠运行。这些标准不仅为电力变压器的正常运行提供了技术保障，也为电力系统的整体安全稳定运行奠定了基础。

【任务实施】

根据项目任务书和项目完成报告进行任务实施，见表 9.1 和表 9.2。

表 9.1　项目任务书

任务名称	电力变压器选型		
小组成员			
指导教师		计划用时	
实施时间		实施地点	
任务内容与目标			
1. 熟悉电力变压器选型的关键参数； 2. 掌握电力变压器选型步骤与计算方法； 3. 掌握电力变压器安全操作规程与行业标准。			

续表

考核项目	1. 电力变压器选型的关键参数 2. 电力变压器选型步骤与计算方法
备注	

表 9.2　项目任务完成报告

任务名称	电力变压器选型		
小组成员			
具体分工			
计划用时		实际用时	
备注			
1. 简述变压器的选型步骤。 2. 简述变压器的选型计算方法。			

【任务评价】

根据项目任务综合评价表进行任务评价，见表 9.3。

表 9.3　项目任务综合评价表

任务名称：　　　　　　　　　　　　　　　　测评时间：　　年　　月　　日

<table>
<tr><td colspan="2" rowspan="4">考核明细</td><td rowspan="4">标准分</td><td colspan="9">实训得分</td></tr>
<tr><td colspan="9">小组成员</td></tr>
<tr><td colspan="3"></td><td colspan="3"></td><td colspan="3"></td></tr>
<tr><td>小组自评</td><td>小组互评</td><td>教师评价</td><td>小组自评</td><td>小组互评</td><td>教师评价</td><td>小组自评</td><td>小组互评</td><td>教师评价</td></tr>
<tr><td rowspan="6">团队60分</td><td>小组成员是否能在总体上把握学习目标与进度</td><td>10</td><td></td><td></td><td></td><td></td><td></td><td></td><td></td><td></td><td></td></tr>
<tr><td>小组成员是否分工明确</td><td>10</td><td></td><td></td><td></td><td></td><td></td><td></td><td></td><td></td><td></td></tr>
<tr><td>小组成员是否有合作意识</td><td>10</td><td></td><td></td><td></td><td></td><td></td><td></td><td></td><td></td><td></td></tr>
<tr><td>小组成员是否有创新想（做）法</td><td>10</td><td></td><td></td><td></td><td></td><td></td><td></td><td></td><td></td><td></td></tr>
<tr><td>小组成员是否如实填写任务完成报告</td><td>10</td><td></td><td></td><td></td><td></td><td></td><td></td><td></td><td></td><td></td></tr>
<tr><td>小组成员是否存在问题和具有解决问题的方案</td><td>10</td><td></td><td></td><td></td><td></td><td></td><td></td><td></td><td></td><td></td></tr>
</table>

续表

考核明细		标准分	实训得分								
			小组成员								
			小组自评	小组互评	教师评价	小组自评	小组互评	教师评价	小组自评	小组互评	教师评价
个人40分	个人是否服从团队安排	10									
	个人是否完成团队分配任务	10									
	个人是否能与团队成员及时沟通和交流	10									
	个人是否能够认真描述困难、错误和修改的地方	10									
合计		100									

【知识巩固】

1. 简述电力变压器在工业/建筑/农业等场景的应用案例。
2. 简述电力变压器安全操作规程与行业标准。

参考文献

[1] 姜涵. 变压器检修技能培训教材[M]. 北京:中国电力出版社,2017.

[2] 国网浙江省电力有限公司. 变压器[M]. 北京:中国电力出版社,2019.

[3] 张树周,张小平,何琦. 变压器与电机[M]. 北京:电子工业出版社,2020.

[4] 白文霞,董贵荣. 电机变压器安装与检修[M]. 北京:机械工业出版社,2018.